我的第一次

航空科普旅行

杜丽娟◎著

My First Book
of Aviation

北京航空航天大学出版社
BEIHANG UNIVERSITY PRESS

内容简介

本书面向7~12岁孩子，通过千年飞行梦、人类的起飞、航空器博览、民航飞行事四个主题，将科普知识与人文知识相结合，在潜移默化中为小读者们种下一颗航空梦想的种子，厚植航空报国情怀。书中还设计了环环相扣的思考题、激发好奇心和内驱力的观察笔记以及内容丰富的充电站，旨在引导小读者们在阅读过程中不断深入思考，以打开航空科普学习的全新视角。

本书受上海工程技术大学著作出版专项（科普图书）资助出版。

图书在版编目（CIP）数据

我的第一次航空科普旅行 / 杜丽娟著 . -- 北京：
北京航空航天大学出版社，2024.1
ISBN 978-7-5124-4114-9

Ⅰ . ①我… Ⅱ . ①杜… Ⅲ . ①航空—青少年读物

Ⅳ . ① V2-49

中国国家版本馆 CIP 数据核字（2023）第 123659 号

我的第一次航空科普旅行

杜丽娟　著

策划编辑　冯　颖　　　责任编辑　冯　颖

*

北京航空航天大学出版社出版发行

北京市海淀区学院路 37 号（邮编 100191）　http://www.buaapress.com.cn

发行部电话：（010）82317024　　传真：（010）82328026

读者信箱：goodtextbook@126.com　　邮购电话：（010）82316936

北京雅图新世纪印刷科技有限公司印装　各地书店经销

*

开本：787×1 092　1/16　印张：12　字数：150 千字

2024 年 1 月第 1 版　2024 年 1 月第 1 次印刷

ISBN 978-7-5124-4114-9　定价：88.00 元

目 录

第二站　人类的起飞

第三站　航空器博览

第四站　民航飞行事

邀请函

　　小朋友们，请接受我的邀请，共同开启一次妙趣横生的航空探索旅行吧。

　　首先，请允许我为大家介绍本次旅行中将乘坐的飞行器——"精卫一号"，它将带领我们回顾人类飞行的历史，领略航空器的风采，揭开飞行的奥秘。

　　在这次旅行的第一站，我们将回到遥远的古代，迎面吹来刺骨的海风，每一页纸张都迎着风踏浪疾行，苍茫深处，你将看到羽民国里的飞人长有神奇的翅膀，那是先民对飞行最初的向往。时间的车轮不断前进，我们将走进三星堆遗址，听青铜鸟向我们讲述祖先的飞行梦想。你想不想看看鲁班设计的木鸢？你知不知道万户点燃火箭飞天的故事？你要不要和我一起细数古老的孔明灯在历史长河里留下的光点？你是否了解生于 15 世纪的达·芬奇曾做了哪些航空探索？……

　　带着满满的收获，我们来到第二站，一起找寻科学技术蓬勃发展大背景下航空先驱们的探索足迹。你会看到美国的莱特兄弟如何凭借兴趣不懈探索并成功实现了人类第一次有动力飞行，仅 6 年后"中国航空之父"冯如驾驶着自行研制的"冯如一号"揭开了中国航空的绚丽篇章，紧接着你会听到中国"航空救国"的号角声响彻云霄。

在第三站，"精卫一号"将带你参观航空器博物馆，一起来回顾航空器的发展变迁。看！热气球已经准备好了，我们出发吧！在空中，我们将观看奥托·李林塔尔的飞行试验，穿过空战的炮火硝烟，近距离观察固定翼飞机的样貌。接下来，在检阅美国波音公司和欧洲空客公司的客机编队之前，先来一起重温我国民航发展史，看我国自主研发并已成功交付的大飞机"中国商飞C919"一飞冲天，感受中国向航空强国不断迈进的信心与决心！

结束了空中的游览之后，"精卫一号"安全着陆在本次旅行的最后一站！它已经迫不及待地要带你揭开飞行的奥秘了。我们跟着它，一起去看看飞机的结构，找找机场的风向标，认识跑道上的符号，再来聆听一位中国英雄机长的故事，并了解怎样才能成为一名优秀的飞行员。

对了，旅行结束后还有一封来自蓝天的信件等你拆阅哦！

现在，你是不是已经迫不及待地想要搭乘"精卫一号"开启这次旅行了呢？别急，请先执行完下面这张检查单，我在第一站等你！

2024.1.1 于上海

旅行前检查单

各位乘客朋友，欢迎乘坐"精卫一号"飞行器开启我们的第一次航空科普之旅。下面请大家执行旅行前检查单，这里有 13 个问题，请结合自己的真实情况在方格中做好标记。

1. 你知道《山海经》中是怎么描述"飞人"的吗？	是☐ 否☐
2. 你知道希腊神话中关于人类飞行的第一个故事吗？	是☐ 否☐
3. 你知道达·芬奇设计的飞行器是什么样子的吗？	是☐ 否☐
4. 你知道纸飞机飞行距离的世界纪录是多少米吗？	是☐ 否☐
5. 你知道莱特兄弟设计的飞行器叫什么名字吗？	是☐ 否☐
6. 你知道中国的航空先驱都有谁吗？	是☐ 否☐
7. 你知道热气球是怎样升空的吗？	是☐ 否☐
8. 你知道滑翔机的构造是怎样的吗？	是☐ 否☐
9. 你知道最早的飞行模拟器是如何工作的吗？	是☐ 否☐
10. 你知道我国自主研发的大飞机 C919 的命名是什么含义吗？	是☐ 否☐
11. 你知道飞机是由哪些重要部分组成的吗？	是☐ 否☐
12. 你知道飞行员有一套独特的语言系统吗？	是☐ 否☐
13. 你知道如何成为一名机长吗？	是☐ 否☐

亲爱的小朋友，相信我们这一次的航空科普之旅会带你解开以上所有迷题。

对了，"精卫一号"会带领我们一同探索航空发展的万象世界，它的结构、性能、外观可以按照你的想象进行定制，出发前请完成你的专属"精卫一号"设计图。现在就请你发挥想象力，拿起画笔开始创作吧！

"精卫一号"飞行器

设计师：

设计时间：

设计图：

好了，现在请各位系好安全带，调整呼吸，我们马上出发！

第一站

千年飞行梦

 请思考：图片中的人在干什么？你觉得这样的操作安全吗？

第1章 华夏文明与飞行梦

1.1 羽民国——《山海经》里的飞人

飞行是人类从古到今的梦想。当你站在银色海滩看着海鸥在湛蓝天空中自由翱翔时，当你伫立于青翠山林间倾听飞鸟在高高的葱郁中尽情吟唱时，你是不是也曾想过，要是可以飞行多好呀，可以飞到很远的地方，看到更美丽的风景，体验多姿多彩的生活，了解遥远的故事，认识更多的朋友。

中国古人对飞行的好奇和探索可以追溯到先秦时期，而关于飞行的第一个有文字记载的故事就收藏在一本叫作《山海经》的书里。

《山海经》里的飞行密码

《山海经》

《山海经》是中国先秦时期的一本重要古籍。它是一本百科全书，记载着很多神话传说和地理知识，内容包罗万象，有历史、人文、交通、山川、地理、民族、物产、药物、祭祀、巫医等。小朋友们熟知的夸父追日、精卫填海、大禹治水等故事都来自这本书中。

《山海经》共有 18 卷，其中《山经》5 卷，《海经》8 卷，《大荒经》4 卷，《海内经》1 卷。[①] 它的作者是谁现在已经没有办法考证了。目前流传在世的最早版本是西晋学者郭璞注释的《山海经》。

---

① 方韬.中华经典藏书：山海经 [M].北京：中华书局，2009.

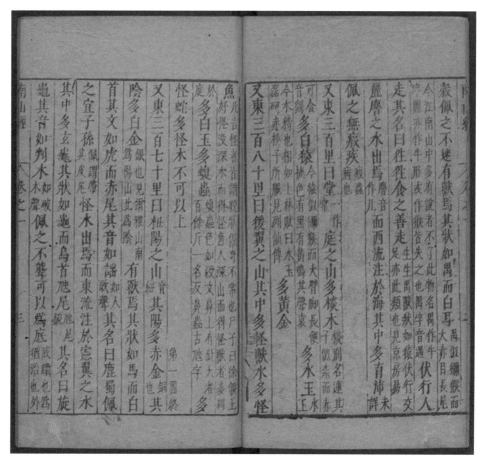

西晋郭璞注释的《山海经》

"精卫一号"充电站

广义的先秦时期指的是秦朝建立前的历史时代，即从有巢氏、燧人氏、伏羲氏、神农氏、轩辕氏、尧、舜、禹等人代表的远古时期，夏、商、周、春秋战国时代一直到秦始皇称帝（公元前221年）。

狭义的先秦时期指的是春秋战国时期，即周分封诸侯后有秦国开始到秦始皇称帝。

羽民国

翻开《山海经》，在《大荒南经》里有下面这样一段文字记载：

南海之外，赤水之西，流沙之东，有兽，左右有首，名曰【足术】踢。有三青兽相并，名曰双双。有阿山者。

南海之中，有氾天之山，赤水穷焉。

赤水之东，有苍梧之野，舜与叔均之所葬也。爰有文贝、离俞、鸱久、鹰、贾、委维、熊、罴、象、虎、豹、狼、视肉。

有荣山、荣水出焉。黑水之南，有玄蛇，食麈。

有巫山者，西有黄鸟。帝药，八斋。黄鸟于巫山，司此玄蛇。

大荒之中，有不庭之山，荣水穷焉。有人三身，帝俊妻娥皇，生此三身之国，姚姓，黍食，使四鸟。有渊四方，四隅皆达，北属黑水，南属大荒。北旁名曰少和之渊，南旁名曰从渊，舜之所浴也。

又有成山，甘水穷焉。有季禺之国，颛顼之子，食黍。有羽民之国，其民皆生毛羽。有卵民之国，其民皆生卵。

把最后这段话翻译成现代汉语，就是"又有一座成山，甘水最终流到了这里。有个季禺国，国人是颛顼 [zhuān xū] 帝的后代，吃黄米。还有个国家叫羽民国，这里的人都长着羽毛。又有个国家叫卵民国，这里的人都产卵，人都从卵中孵化出生。"

长着羽毛的人？！你能想象出来羽民国的人到底是长成什么样子的吗？他们的羽毛是黑色的还是黄色的？是长长的、硬硬的像一把把匕首扎在身上，还是短短的、绒绒的和小鸡的毛相似呢？请在下面的图框中画出你想象中的羽民国人长相，尽情发挥你的想象力吧！

关于羽民国人的具体相貌，并没有历史文献可以查阅。古时的《山海经》附有图画，可惜早已失传了。明朝的王圻、王思义父子编写了一部《三才图会》。在这部图册中，王家父子脑洞大开，描绘了很多古

羽民国人肖像图

书中天文地理、矿产资源、历法术数、衣冠制度、琴棋书画、草木鱼虫、排兵布阵、海外异事、刀法剑谱的配图。你看，王家父子笔下的"羽民国人"头发坚硬且高耸，有鹰一样的嘴巴，浑身有毛，背后长有双翼。不知道这是不是和你的想象有相同之处呢？

由此可见，古人对飞行充满了浪漫的想象。在神话故事中那些能够乘风而来、驾云而去的仙人异士形象寄托着他们对飞行的向往。

《三才图会》中的羽民国人

1.2 商青铜人首鸟身像——三星堆的飞行礼物

你认识这个字吗？你看它像什么？像不像是一只鸟儿正在张开双翅飞行的样子？这就是甲骨文中的"飞"字。

甲骨文中的"飞"字

人类对于飞行的认识最早是来自鸟类。当人们看到鸟儿自由翱翔在蓝天上，无拘无束、自由洒脱，能够轻易躲避洪水爆发、野兽侵袭的时候，他们是多么羡慕啊。人们把对飞行的向往做成了巧夺天工的青铜器，穿越千年的文明变迁，向我们讲述着关于飞行的神话。

 三星堆遗址

三星堆遗址位于四川省广汉市西北的鸭子河南岸，分布面积12平方千米，距今已有3000～5000年历史，出土了大量陶器、石器、玉器、铜器、金器，是迄今在我国西南地区发现的范围最大、延续时间最长、文化内涵最丰富的古城、古国、古蜀文化遗址。

三星堆遗址被称为20世纪人类最伟大的考古发现之一，昭示了长江流域与黄河流域一样，同属中华文明的母体，被誉为"长江文明之源"。

1929年，广汉当地农民燕道诚在三个大土堆（后因此得名"三星堆"）淘沟时发现了一坑玉石器，自此揭开了三星堆的神秘面纱。

人们在三星堆的青铜文物中发现了不少飞鸟的形象，甚至有些铜鸟的翅膀很大，与身体不成比例。有考古专家认为，古蜀先民把鸟的翅膀造得这样大，是因为他们非常崇拜、向往那些能够振翅飞翔的鸟儿。

人首鸟身像

让我们从上到下认真观察一下这尊商代青铜器——"人首鸟身像"。它长着人的头、鸟的身体，站立在小型铜神树树枝端部。再来看它的相貌，方脸平顶，头戴冠，面戴罩，大大的耳朵，高高的鼻子，眼睛外凸。与头部相比，它的鸟身较短，看上去不成比例，是一幅头大大的、身体小小的样子。

人首鸟身像出现在铜神树树枝端部与铜神坛顶部正中，而古人又有"以上为尊""居中为尊"的说法。因此，我们推测这件青铜器具有神圣的象征意

人首鸟身像

商代青铜器，通高 12 厘米，出土于三星堆二号祭祀坑。

我的观察笔记

我认为这是：一个人 □　　一只鸟 □

我的理由是：

（1）

（2）

（3）

（4）

义。有专家认为这尊人首鸟身像所代表的应当是群神崇仰的天"帝"。在中国古代故事中,"五帝"中除了我们熟知的黄帝,还有一位就是颛顼。关于颛顼的出生地,文献史记中流传着很多版本,其中有一种说法是颛顼生于蜀地,并在四川盆地生活、工作过,对治水、农业发展贡献很大。

小朋友,你觉得人首鸟身像有可能是他吗?

 颛顼

颛顼画像　　　　　　　　　　颛顼治水

颛顼治水是中国古代神话传说。《淮南子》中讲述了这个故事:"昔者共工与颛顼为帝……共工振滔洪水,以薄空桑①……"讲的是,从前共工与颛顼争夺部落天帝之位,共工兴起洪水,大水逼近空桑沃野②。

---

① 空桑是上古时期的地名,出自《出海经》,沿用至东周晚期,主要指今天的鲁西豫东地区。

② 沃野即大片的沃土,肥沃的田野。——编者注

共工用水攻之计造成洪水泛滥而失道寡助，颛顼获得了最终的胜利。战后，颛顼成为了炎黄部落联盟的最高领袖，也就是历史上的五帝之一。

由于这尊人首鸟身像发掘于蜀地，又具有神圣的象征意义，因此有人推断这个人物形象是颛顼。

这尊"人首鸟身像"象征的到底是谁，我们不得而知。但是从这件青铜器中，我们可以看到古代先民将人与鸟合二为一，体现了他们对飞行的崇拜和向往。

1.3 敦煌莫高窟里的飞天

 **莫高窟**

莫高窟坐落在河西走廊西端的敦煌，始建于前秦。关于莫高窟名字的来由，有以下三种说法：

第一种说法是，乐尊和尚在岩壁上开凿了第一个洞窟，此后又有僧人在此开凿洞穴，但是他们开窟的功德莫高于乐尊和尚，因此称之为莫高窟。

第二种说法是，莫高窟所在地原称为莫高乡，在此开窟，即称作莫高窟。

第三种说法是，莫高窟修建在莫高山的高处，因此被称作莫高窟。

莫高窟经历了北朝、隋朝、唐朝、五代十国、西夏、元朝等历代的兴建，是世界上现存规模最大、内容最丰富的佛教艺术圣地。莫高窟与河南洛阳龙门石窟、山西大同云冈石窟、甘肃天水麦积山石窟并称"中国四大石窟"。

莫高窟

★ 甘肃省敦煌市

★ 存有洞窟 735 个，壁画 4.5 万
平方米、泥质彩塑 2415 尊

龙门石窟

★ 河南省洛阳市

★ 现存洞窟像龛 2 345 个，造
像 11 万余尊

云冈石窟

★ 山西省大同市

★ 存有主要洞窟 45 个，大
小窟龛 252 个，石雕造像
51 000 余尊

麦积山石窟

★ 甘肃省天水市

★ 存有洞窟 221 个、10 632 尊
泥塑石雕、1 300 余平方米
壁画

我国四大石窟

在历代的敦煌莫高窟壁画中，裙摆飞扬的飞天造型贯穿其中。

早期飞天形象为男性特征，画风粗犷，异域风格非常浓重。这些飞天形象均头戴光环，赤裸着上身，手臂上缠绕着飘带，飞在半空中，身形笨拙，动作不协调，身材比例也不准确，缺乏灵动飘逸的美感。

莫高窟北凉第 275 窟北壁壁画《尸毗王本生》

飞天形象在经历了朝代变迁、文化交融之后发生了很大的变化。从隋代开始，飞天造型趋于女性化；到了唐代，飞天造型雍容华丽，艺术造诣极高。莫高窟的飞天造型传承了东方羽人的形象，用飘带的姿态带给人们飞行动感和飘逸感。

莫高窟初唐第 329 窟《伎乐飞天》壁画中这四位伎乐飞天弹奏着各自手中的乐器，形态各异，有的迎面飞来，有的侧身奏乐，有的俯身，有的昂首，飘带在空中四散飞扬，看久了就彷佛自己也置身于壁画之中，感受着清风拂面，耳边仙乐飘飘，飘带迎风猎猎作响。

莫高窟初唐第 329 窟《伎乐飞天》局部

1.4 竹蜻蜓——飞行器 1.0

右图中这个小玩具，大家应该都不陌生吧？

竹蜻蜓是中国民间的传统玩具，距今已经有
2000 多年的历史了。这个时期的中国古人不再一
味追求飞行神话，除了将飞行的梦想寄托在踏风而
来的仙人身上，同时也开始着手研究可以真实飞行
的装置。竹蜻蜓就是中国古人研制的飞行器雏形。

竹蜻蜓

古人选用竹子来制作竹蜻蜓，原因是竹子的韧性好，质量轻。竹
蜻蜓的竹柄上有两个叶片，它们长度一样，有一定的倾斜角度。当竹
蜻蜓旋转起来时，叶片会把空气向下推，而空气也会给竹蜻蜓一股向
上的反作用力。这个反作用力可以为竹蜻蜓提供升力，当竹蜻蜓受到
的升力大于重力时，竹蜻蜓就飞起来啦。同时旋转也给叶片带来了阻
力，会使叶片旋转的速度逐渐减慢，升力也就随之减小，在空中悬停
片刻之后，升力开始小于重力，竹蜻蜓落回地面。

"精卫一号"设计的竹蜻蜓

你看，我们的"精卫一号"也设计了一个竹蜻蜓。请大家用心观察，认真比较，这个竹蜻蜓和我们常见的竹蜻蜓相比，有哪些区别呢？你认为这个竹蜻蜓可以飞得很高吗？为什么呢？

下面请大家先打开锦囊，找到关键词，然后完成这次的观察日记吧。

我的观察笔记

两种竹蜻蜓的区别如下：

（1）

（2）

（3）

飞得更高的竹蜻蜓是：

□ 左图　　□ 右图

理由是：

竹蜻蜓锦囊：

平衡；重力；稳定

大家观察得非常认真，相比而言，"精卫一号"设计的竹蜻蜓叶片多，不平衡，重力大，不能稳定上升飞行。

1.5 鲁班——木鸢的飞行传说

"班门弄斧"这个成语大家一定不陌生吧？它出自唐代柳宗元的《王氏伯仲唱和诗序》，意思是在鲁班门前舞弄斧头，比喻在行家面前卖弄本领，不自量力。

小朋友，你知道鲁班是谁吗？

鲁班是春秋时期鲁国人，姓姬，公输氏，名班，人们习惯叫他鲁班。他心灵手巧，擅长做木工，相传锯子、曲尺、墨斗、云梯、

鲁班（公元前 507 年—
公元前 444 年）

钩强、石磨等都是鲁班发明的。现在，鲁班的名字已经成为了古代劳动人民智慧的象征。

鲁班的部分发明

鲁班的发明降低了木工的工作强度和难度，提高了木工的技艺。这些木工工艺经历了岁月洗礼、传承了千年，是中国工匠精神的具体体现。

在鲁班所有的发明中，最令人叹服的是一只可以飞的木鸟。《墨子·鲁问》一书中提到"公输子（鲁班）削竹木以为鹊""三日不下"，讲的是鲁班把竹子劈开，削光滑，用火烤弯，做成了喜鹊的样子，称为"木鹊"，在空中飞翔达三天之久。《酉阳杂俎》中也有关于这只木鸟的记载。

古书中记载的鲁班以巧手高艺制作飞行木鸟的这些传奇故事，其真实性虽然无从考证，但体现了先人通过制造飞行器去征服天空的科学愿景。

会飞的木鸢

你认为鲁班的木鸟只是一种传说，还是确有其事呢？

对于飞行器设计和制作而言，它们的结构、材料、控制及动力都是至关重要的。古籍中没有记载木鸢的设计图，只说它的制作材料是木头，其布局结构、操作原理及方法、动力来源却无证可考。按照今天我们对飞行器的理解，"木鸢可以飞行三日"的真实性有待商榷。

"精卫一号"充电站

关于木鸟，《韩非子·外储说左上》也说到"墨子为木鸢，三年而成，蜚一日而败"。由此看来，墨子也研究过木鸢，只不过失败了。

墨子是中国古代思想家、教育家、科学家、军事家，墨家学派创始人和主要代表人物。

墨子（约公元前476年—公元前390年）

他是春秋时期一位知识渊博又比较接近工农小生产者的士人。他是墨家学说的创立者，提出了"兼爱""非攻""尚贤""尚同""天志""明鬼""非命""节葬""节用"等观点，以"兼爱"为核心，以"节用""尚贤"为支点，创立了以几何学、物理学、光学等为突出成就的一整套科学理论。

1.6　孔明灯——闪亮的飞行尝试

中国很多地方都有放孔明灯祈愿的风俗，把心愿和祝福写在灯上，点燃后放飞升空，祈求自己的愿望——实现，因此孔明灯又叫"天灯"。古代中国发明的孔明灯不仅用来祈愿，其更重要的一项军事用途是作为信号灯，为夜间军事活动传递信息。

关于孔明灯的得名，有两种说法。

第一种说法认为它是三国时期诸葛亮发明的，因而得名孔明灯。诸葛亮是大家都熟知的一位历史人物，字孔明，号卧龙，是三国时期蜀汉丞相，是中国古代杰出的政治家、军事家、文学家、发明家。

相传当年诸葛亮被司马懿围困在平阳，全军上下束手无策。诸葛亮想出一条妙计，命人用白纸千张糊成无数个灯笼，算准风向，趁着夜色点燃放飞升空，营内的士兵高呼："诸葛先生乘坐天灯突围啦！"司马懿竟然信以为真，带兵向"天灯"的方向追赶，诸葛亮趁机撤退得以脱险。

第二种说法是由于它的外形很像诸葛亮的帽子，因此得名孔明灯。

仔细观察，孔明灯的外形是半封闭的圆柱形或球形，下方装有加热装置，内置燃料。这样一个纸做的装置到底是怎样飞上天去的呢？有什么样的科学原理在其中呢？

诸葛亮 (181 年—234 年) 与孔明灯

我的观察笔记

孔明灯升空的原理是：
_____
_____
_____

关键词：
_____
_____

孔明灯锦囊：

温度；膨胀；密度；质量；升力

锦囊中给出的这几个关键词和你猜想的是不是很接近呢？

孔明灯里面的蜡烛点燃后，灯内的空气受热膨胀，导致部分空气因此被挤出到灯外，此时孔明灯总体积并没有发生变化，但灯内的空气密度变小了。再根据阿基米德原理，外面的空气密度大于灯内的空气密度，所以灯就会往上浮。孔明灯内的蜡烛熄灭后，灯体内的气体随温度下降而收缩，灯外的空气再次流入灯内，其所受的重力随之增大，当重力大于浮力时，灯体就开始下降，最终掉落在地上。

"精卫一号"充电站

请注意，由于孔明灯燃放后的不可控性会带来火灾等消防安全隐患，请大家务必远离机场、车站、航线、森林、居民区等区域，选择阻燃材料制作的孔明灯在无风天气安全燃放。同时，有些地区已经出台了相应的法规，禁止燃放孔明灯，请务必遵守。

孔明灯引发的火灾事故

1.7 万户——坐在火箭上的人

中国古人非常聪明，随着工业技术的不断发展，我国的四大发明（指南针、造纸术、火药、活字印刷术）对社会的发展起到了重要的推动作用。在民族地域不

坐在火箭上的人

中国四大发明

断交融的背景下，四大发明经各种途径传至西方，对世界文明发展史产生了巨大影响。

其中，火药的发明始于唐朝，最早用于军事。10世纪初的唐末，出现了火炮、火箭，到宋代火器普遍用于战争。蒙古人在与宋、金作战中学会了制造火药、火器，阿拉伯人又在与蒙古人作战中学会了制造火器。欧洲人大约在13世纪后期从阿拉伯人的书籍中获得了火药知识，到14世纪前期，又从对阿拉伯国家战争中学到了制造火药、使用火器。之后，火药逐渐传遍了全世界。

你知道吗？这一次次火药的发威，带来的不仅是战争的胜利，还有人类对飞行的不断尝试。中国古代最著名的一次飞行尝试就是用火药作为飞行器的动力来源。这位勇敢的人本名陶广义，喜好钻研炼丹技巧。在一次炼丹事故中，他发现了火药的巨大威力，于是转而对火器进行研究和实验。元末，吴王朱元璋下婺州，陶广义率一干弟子献火神器技艺。在后来的战事中屡建奇功，被朱元璋赐名"成道"，封赏"万户"，从此陶广义被人尊称为"万户"或"陶成道"。

万户毕生都在钻研火箭技艺，梦想有一天能够借助火箭飞上云天。有文献说，在一个月明星稀的夜晚，万户坐在绑有47支自制火箭的椅子上，双手高举2只大风筝，然后命人点火发射。他设想利用火箭产生的推力飞上天空，然后利用风筝平稳着陆。

大家想想看，万户的实验会成功吗？没错，实验中火箭爆炸，万户也为此献出了自己宝贵的生命。这就是"万户飞天"的故事。万户的试验给人们开启了"登天"的大门，启发并鼓舞了后人不断完善设计，实现人类触摸蓝天的梦想。

万户飞天

经学者考证，万户是"世界上第一个想利用火箭飞天的人"。为纪念万户，国际天文学联合会将月球上的一处撞击坑以这位中国古人的名字来命名。

叮咚！各位旅客，"精卫一号"收到一卦来自万户的时空信件，请大家认真阅读并回复。

致遥远时空的小朋友们：

很高兴你们看到了这封信，请帮我想想看我的火箭装置为什么没能发射成功呢？你们有什么好的建议和意见吗？如果你是我，你会怎样改进我的装置呢？期待回信，万分感谢！

未能实现飞行梦的万户

致时光深处的万户：

　　您好！我是

接力飞行梦的我

（签名）

第 2 章 希腊神话与飞行传说

2.1 希腊神话中的飞行密码

和中国人一样，西方人对飞行的向往最早也是出现在神话传说里。

希腊神话中的飞行密码

桑德罗·波提切利（意大利）的画作《春》

这副蛋彩画①《春》是 15 世纪时期的作品，距今有 600 多年的历史了。我们可以看到在清晨幽静的桔林草地上，鲜花盛开，正中间身着盛装站立的就是希腊神话中的女神维纳斯（罗马神话中的阿佛洛狄忒）。她的左侧分别是象征着"美丽""贞淑""欢悦"的三位女神，她们正携手翩翩起舞。画面最左侧的是希腊神话中的赫尔墨斯（罗马神

---

① 蛋彩画是一种古老的绘画技法，是用蛋黄或蛋清调和颜料绘成的画，多画在表面敷有石膏的画板上。蛋彩画盛行于 14 至 15 世纪欧洲文艺复兴时期，后逐渐被油画取代。

话中的墨丘利），他手执神杖，举首仰望。在维纳斯的右侧，全身缀满鲜花的就是花神了，而鼓胀着双颊吹气的是风神，他正对着仙女克洛丽丝伸出双手，想要抓住她。在维纳斯的头顶上方飞翔着小爱神丘比特，他蒙着双眼正在准备射箭。

在希腊神话中，神是可以飞行的，赫尔墨斯脚上长着翅膀，丘比特后背长有翅膀，而风神则是依靠神力飞行。你还知道哪些神话人物是会飞的吗？

下面是"精卫一号"给大家带来的三张"飞行人物卡"，让我们来认识一下他们吧。

1 号人物卡：赫尔墨斯

在希腊神话中，赫尔墨斯双脚长有双翼、行走如飞，并成为在奥林匹斯山担任宙斯和诸神的传令使者，为诸神传送消息，完成宙斯交给他的各种任务。他手中握着一根由刻有一双翅膀的金手杖和两条缠绕手杖的蛇组成的商神杖（又称神使双蛇杖）。

赫尔墨斯雕像

在文学作品和艺术作品中，赫尔墨斯的形象通常是头戴有一对翅膀或风轮的宽沿旅行帽，手持商神杖，肩披披风，双脚脚腕处各长有一对能帮助他飞行自如、来去如风的小翅膀，让他总是能及时快速地完成各种任务。

2 号人物卡：丘比特

丘比特是罗马神话中的小爱神。他的形象大多是一个手拿弓箭、光着身子的小男孩，他最明显的特征是背后长有一对翅膀。据说他经常带着弓箭漫游，漫无目的地乱射。他的金箭射入人心会促使爱情走向婚姻，他的铅箭射入人心会使相爱的人产生憎恶，并以分手告终。

巴托尼（意大利）1761 年画作《黛安娜和丘比特》

3 号人物卡：天马帕加索斯

帕加索斯是一匹长着翅膀的骏马，它的名字来自古希腊词语"跃出"。据神话记载，英雄柏修斯杀死蛇发女妖美杜莎时，天马帕加索斯从美杜莎的脖子里一跃而出。古希腊另一位英雄柏勒罗丰曾在雅典娜的帮助下驯服过它并立下许多功勋。天马帕加索斯有一项神奇的本领，无论何时何处，只要它的蹄子敲击地面，就会有一汪清泉冒出。相传赫利孔山的希波克瑞涅泉就是天马帕加索斯用蹄子踏出来的，后人常以此泉形容诗人的创作灵感喷涌而出、源源不断。

提埃坡罗（意大利）的壁画《柏勒洛丰与帕加索斯》

2.2　不听话的伊卡洛斯

希腊神话中的诸神可以各显神通，御风飞行，体现了人类对未知世界的敬畏。在之后的漫长岁月中，出现了很多关于飞行的神话故事，承载着人类迫切想要征服蓝天、漫步云间的愿望。其中，有一对父子的飞行故事被人们广泛传颂，并被认为是西方世界人们飞行探索的开篇。

相传，雅典有一位技艺卓绝的工匠名叫代达罗斯，他有很多知名的成就和精巧的作品，被世人称道和追捧。同时，他也是一个虚荣善

不听话的伊卡洛斯

安东尼·凡·戴克的画作《代达罗斯和伊卡洛斯》

妒的人，当他发现自己的外甥同时也是自己学生的塔洛斯的技艺超过了自己并赢得了更大声誉的时候，就将塔洛斯狠心从雅典城墙上推了下去。事情败露之后，他带着儿子逃到了克里特岛。

在那里，尽管代达罗斯尽心为克里特岛的国王效力，然而国王并不信任他，担心他的智慧和技艺会对王国带来危害，于是就把代达罗斯和他的儿子伊卡洛斯关在海边的一座灯塔里与世隔绝。

代达罗斯不甘心终生被困，但从水路和陆路都逃亡无望，于是他决定带着儿子从天空逃走。之后，他收集整理了大大小小的羽毛，并把短小的羽毛进行拼接，然后用麻绳在中间捆住，在末端用蜡封牢，最后做成了两对翅膀。出发前，代达罗斯告诫儿子："你必须在半空中飞行。要是飞得太低，羽翼会碰到海水，沾湿了就会变得沉重，你会飞不动；要是飞得太高，翅膀上的蜡会因靠近太阳而融化，你还是会掉进海里。"然后，代达罗斯把羽翼缚在儿子的双肩上。两个人扇动翅膀，渐渐地升上了天空。父亲飞在前头，他像带着初次出巢的雏鸟一样，不时回过头来看儿子飞得怎样。刚开始，他们的飞行一切顺利。伊卡洛斯兴高采烈，他越飞越轻快，不由得骄傲起来。于是，他挥动着羽翼朝高空飞去。强烈的阳光融化了封蜡，原本用蜡封在一起的羽毛开始松动。伊卡洛斯一头栽了下去，掉进汪洋大海里，被万顷碧波淹没了。

雅各布·彼得·高伊的画作《伊卡洛斯之陨》

第3章 达·芬奇的航空探索

3.1 科学巨匠达·芬奇

列奥纳多·达·芬奇（Leonardo da Vinci，1452—1519）是欧洲文艺复兴时期意大利的一位著名画家、雕塑家、数学家、科学家、发明家。达·芬奇思想深邃，学识渊博，擅长绘画、雕刻、发明、建筑，通晓数学、生物学、物理学、天文学、地质学等，被认为是人类历史上罕见的全才、科学巨匠。

达·芬奇《自画像》

3.2 揭开扑翼机的神秘面纱

人类在尝试飞行的初期，一直是直观地模仿鸟类，用各种鸟羽及其他材料做成翅膀，绑在人的身上。在经历了许多次失败试飞之后，人类逐渐认识到单纯利用羽翅是不可行的，转而开始探索如何使用机械实现飞行，扑翼机就是这个阶段的产物。扑翼机是指机翼能像鸟和昆虫的翅膀那样上下扑动、自身重于空气的航空器。扑动的翅膀不仅产生向上的升力，也产生了向前的推力。

扑翼机是达·芬奇的卓越贡献之一。

达·芬奇一生都对动物的飞行着迷。从1485年开始，通过对鸟类和蝙蝠的观察和解剖，他研究设计了几种扑翼机，并设想通过手、脚共同操作手柄、绳索和滑轮控制机翼上下扑动。在达·芬奇存世的大量手稿中发现了200多幅航空题材的草图。作为航空科学的开山始祖，达·芬奇的研究比其他航空先驱早了300多年。

达·芬奇扑翼机手稿

3.3　降落伞和直升机

早在 1483 年，达·芬奇就绘制出了降落伞的设计图。它由 4 个等边三角形组成，每个三角形边长 7 米。草图中还有一个木制框架，形状很像金字塔。

达·芬奇设想的降落伞

同年，达·芬奇提出了直升机的想法并画了草图。这是一个巨大的螺旋体。7 年后，他便设计制成了一种以木料和浆过的亚麻为原料、以弹簧为动力装置的飞行器。当它旋转达到一定速度时，其身体会被抛向空中。飞行员站在底盘上，靠拉动钢丝绳来改变飞行方向。

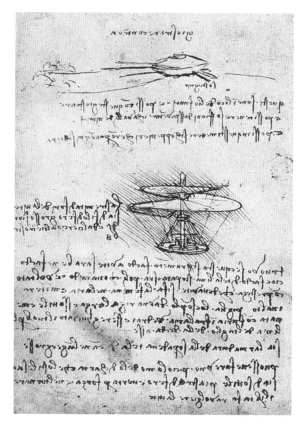

达·芬奇直升机手稿

"精卫一号"充电站

达·芬奇手稿

1519 年，68 岁的达·芬奇在法国波斯城附近的住所里与世长辞。令人惋惜的是，达·芬奇去世前将自己的毕生著作托付给他最要好的朋友，这位友人忠心耿耿地严加看管着这些资料，致使达·芬奇的研究成果长期不为世人所知，更无从付诸于应用。

达·芬奇一生共留下 13 000 页左右的手绘笔记和素描。其中，保存于米兰昂布罗修图书馆的长达 12 卷、含 1 750 多张图稿的 1 119 页**大西洋手稿**，于 2009 年 9 月在意大利首度公开展览，其涵盖了包括飞行、武器、乐器、数学等领域的研究心得及草图，被视为达·芬奇手稿中最具研究价值的部分。

1994 年 11 月 11 日，微软创始人比尔·盖茨以 3 080 万美元的天价，从美国纽约佳士得拍卖行拍得达·芬奇的**哈默手稿**，使其成为了迄今为止全球最昂贵的笔记。这份哈默手稿是达·芬奇受米兰公爵卢多维科斯福尔扎的聘雇，于 1482—1498 年在意大利米兰停留期间留下的笔记。该手稿可追溯的最早收藏时间是 1719 年，收藏者是第一代莱斯特伯爵的后代，所以也称为莱斯特手稿；1980 年美国石油巨头哈默将其收入囊中，之后便更名为哈默手稿，直到 1994 年又被比尔·盖茨拍得。

下面请欣赏他的部分手稿作品！

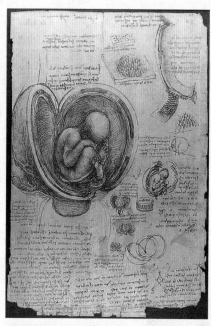
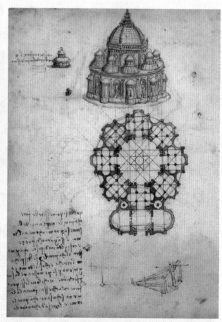
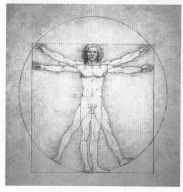
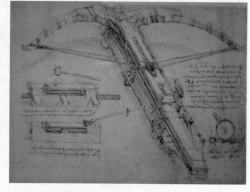

第二站

人类的起飞

 请思考：图片里的人物是谁？你知道他们的飞行故事吗？

第 4 章　从纸飞机到滑翔机

4.1　"苏珊"纸飞机

美国人约翰·科林斯（John Collins）设计的纸飞机在 2012 年 2 月 26 日创造了世界纪录，飞行距离为 69.14 米。纸飞机的投掷由美国橄榄球运动员乔·阿犹布（Joe Ayoob）完成。该飞机以约翰·科林斯妻子的名字"苏珊"（Suzanne）命名，其飞行距离曾被记入吉尼斯世界纪录。

"纸飞机大师"约翰·科林斯（右）和他的搭档乔·阿犹布（左）

直到 2022 年 4 月 16 日，由申武俊（韩国）、金圭泰（韩国）和齐志安（马来西亚）三人组成的 Shin Kim Chee 队才打破了"苏珊"纸飞机保持了 10 年的飞行距离世界纪录——77.134 米。

目前 Shin Kim Chee 队尚未公开其纸飞机的折法和数据，下面我们来学习一下"苏珊"纸飞机的折法。

　　请选择合适的 A4 纸张，按照下面的折法完成纸飞机，试飞并记录你的飞行成绩。

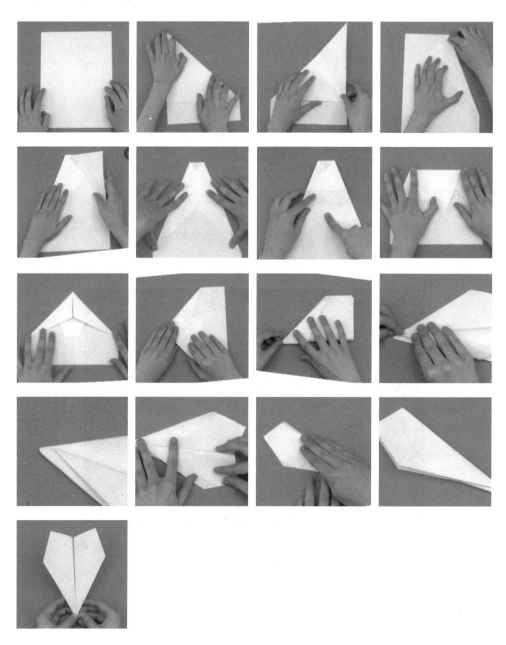

"苏珊"纸飞机的折法

> **我的试飞记录**
>
> 纸飞机名字：
> ----------------------------------
> 试飞时间：
> ----------------------------------
> 试飞地点：
> ----------------------------------
> 最远飞行距离：
> ----------------------------------
> 试飞中发现的问题：
> ----------------------------------
> 优化方案：

4.2　纸飞机的起源

　　众所周知，造纸起源于中国，风筝的发源地也是中国。由此，专家和学者都认为纸飞机的起源地也在中国。

寒食日早出城东
（唐　罗隐）

青门欲曙天，车马已喧阗。
禁柳疏风雨，墙花拆露鲜。
向谁夸丽景，只是叹流年。
不得高飞便，回头望纸鸢。

罗隐（833 年—910 年）

　　这首《寒食日早出城东》作于唐末。在诗中，罗隐挥笔写下"不得高飞便，回头望纸鸢"，这里记载的就是寒食节放风筝的习俗。

在这首诗问世差不多 900 年后的 1864 年，英国出版的《给每个男孩的书（Every Little Boy's Book）》一书中详细记录了当时男孩们玩的折纸玩具，其中的"纸飞镖"与现代纸飞机的造型相似。

PAPER DART.

To form this dart you must take an oblong piece of paper, and fold it down the middle lengthwise; then double each of the lower corners up to the middle crease, and fold the doubled paper over to the same mark; you must now turn each folded side outwards, and your dart will resemble the annexed figure. The paper dart, when thrown from the hand, rarely hits the object aimed at, as it generally makes a graceful curve in passing through the air. Boys sometimes amuse themselves by fighting sham battles with these harmless weapons.

《给每个男孩的书》中关于纸飞镖的描述

1873 年，英国又出版了一本《有趣的游戏：户内、户外游戏大全》，书中采用插图的形式说明了纸飞镖的折法。

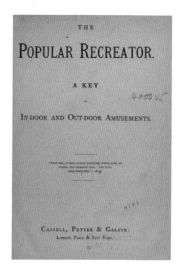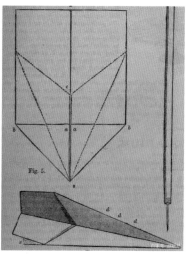

纸飞镖的折法出处及介绍

4.3　纸飞机是怎么飞起来的

要想弄清楚纸飞机是怎样飞起来的，首先我们先来回忆一下刚刚你是怎样投掷纸飞机的：为了让纸飞机飞起来，你做了一个大力投掷的动作，给纸飞机提供了一个向前运动的力，就像玩游戏的时候你被你的朋友推着向前走，这样的力叫作**推力**。

在"苏珊"纸飞机的飞行比赛现场，它的设计者约翰·科林斯邀请了著名橄榄球运动员乔·阿犹布来帮忙，橄榄球运动员的臂力惊人，瞬间爆发力强大，"苏珊"纸飞机因此获得了一个完美的初始速度。

橄榄球运动员乔·阿犹布

我们为什么要给纸飞机一个推力呢？不用力投掷，纸飞机是不是一样可以飞起来？通过实验，我们发现如果没有大力投掷，纸飞机是没有办法飞起来的。这是因为，纸飞机被空气阻挡了。试想一下，在一个大风呼啸的早上，你迎着风向前走，你是不是明显感到风在用力地阻挡着你，不让你前行？这样的力就叫作**阻力**。

在推力的作用下，纸飞机克服了阻力，向前飞行了一段距离。可是通过多次实验可以发现，无论你多么用力，无论你的纸飞机有多轻或是有多重，最后它都会掉落在地上。为什么会这样呢？这是因为纸飞机自身受到了重力的作用。地心引力（重力）将地球上大大小小的物质吸引着，这也是为什么你不论多么用力地跳，跳得有多高，最终都会落回地面的原因。

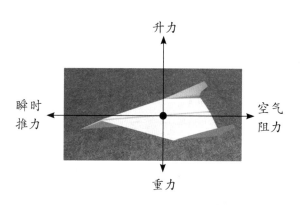

升力

瞬时推力　　　空气阻力

重力

既然在重力的作用下，纸飞机会掉在地上，那么为什么在我们投掷伊始，纸飞机没有马上就掉在地上呢？它是靠什么力来升空飞行的呢？

想要弄清楚这些问题，你就要知道纸飞机在飞行中会受到四个力的作用。纸飞机在空中飞行，是需要动力的，即我们投掷纸飞机时出手的力量，也叫推力。纸飞机飞行时会在机头处形成贴着机翼流动的涡流，使机翼上方的气压低于下方，通过压力差获得了升力。此外，纸飞机在飞行时受到迎面气流的压力，这个压力可以分解为阻力和升力。这个力的大小与飞行的速度、角度直接相关。速度越快，受到的空气压力越大，空气提供的升力也就越大。角度是投掷纸飞机时飞机和气流速度的夹角，这个角度很重要：如果角度太小，那么升力就小，纸飞机滞空时间短，很快就落地了；如果夹角太大，纸飞机机头向上，升力被阻力和重力抵消，上升速度快速降为零而坠落。由此可见，纸飞机飞行不仅需要克服自身重力，还要克服与前进方向相反的空气阻力。

想要更好地理解飞机飞行的原理，我们先来做一个实验。

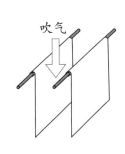

吹气

我的实验记录卡

　　准备两张纸，像图中那样往两张纸中间吹气，你发现了什么现象？

　　通过实验，我们发现纸不但不会向外飘去，反而被挤压在了一起。这个现象产生的原理是：因为两张纸中间的空气被我们吹得流动速度加快，纸张内侧的压力减小，而两张纸外侧由于空气没有流动而保留了较大的压力，所以外面的空气就把两张纸"压"在了一起。这就是大名鼎鼎的**"伯努利原理"**，它是瑞士数学家、物理学家丹尼尔·伯努利提出的。简单来说就是，空气流速越大，其压强越小；流速越小，其

"精卫一号"充电站

　　丹尼尔·伯努利（1700.2.8—1782.3.17），出生于荷兰格罗宁根，瑞士籍数学家、物理学家，是 17 至 18 世纪著名的伯努利家族中最杰出的一位。

　　1738 年，丹尼尔·伯努利出版了他一生中最重要的著作《流体动力学》。书中指出，流体的压力会随着速度的增加而减小，反之亦然。这个原理后被称作伯努利原理。

丹尼尔·伯努利

　　他于 1747 年当选为柏林科学院院士，1748 年当选巴黎科学院院士，1750 年当选英国皇家学会会员。

压强越大。

伯努利原理的提出为飞行器的研发提供了理论基础，人们开始关注机翼的设计，探究什么样的翼型更有助于飞机产生升力。科学家们研究发现，改变机翼剖面形状，增大机翼弯度，使空气沿机翼上表面运动的距离更长、流速更快，从而使得高速飞行时飞机机翼上表面的空气压力更小，机翼上下表面压强差变大，作用在机翼上的升力也随之更大。

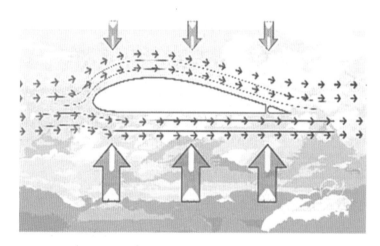

伯努利原理示意图

4.4 滑翔机时代的到来

英国的乔治·凯利爵士通过研究竹蜻蜓和鸟类的飞行原理，于1809年试制了一架滑翔机。在试飞中，这架滑翔机成功将他带离地面，并落到几米之外的地方。乔治·凯利爵士对飞行原理、升力的产生及滑翔机机翼的角度、机身的形状以及滑翔机的组成部分都做了深入的研究和探索。

1849年，乔治·凯利对他的滑翔机进行了改进，装上了十字形的尾巴和风筝形状的翅膀，看上去非常像一艘配有桨的船。他让一个 10 岁的小孩子坐在里面，从小山坡上滑下来，成功地完成了一次短距离飞行。

乔治·凯利爵士
(1773.12.27—
1857.12.15)

在那个时代，很多人认为飞行是人类无法实现的梦想，但是乔治·凯利坚信，只要能找到合适的动力来源，他的飞行器一定可以高飞。

乔治·凯利曾说过："可能我现在正在加速实现一个对人类来说非常重要的目标；从人们开始熟悉航空领域起，一个新的社会时代将开启……我本人对此非常有信心，这个新时代将很快为人类带来便利，我们将用每小时20 英里甚至100 英里的速度，更安全地运输人员、货物。为了实现这个目标，我们需要有一个动力来源，它将在给定的时间内产生比动物肌肉系统更大的功率。"

遗憾的是，乔治·凯利爵士直到生命的终结，都没能研制出滑翔机的动力装置。在他之后，德国工程师奥托·李林塔尔设计的滑翔机把无动力载人飞行试验推向高潮。

自 1871 年起，奥托·李林塔尔就开始热衷于研究和制造滑翔机，他利用闲暇时间研究空气动力学、设计飞机并完成驾机试飞。他所著的《鸟类飞行——航空的基础》一书被后来的飞行探索者奉为经典之作。

1891 年，奥托·李林塔尔制作了第一架固定翼滑翔机。他从 15 米高的山坡上驾驶滑翔机在气流作用下轻盈地滑翔了 90 米，并安全降落。

奥托·李林塔尔（1848.5.23—1896.8.10）和他的滑翔机

1891—1896 年间，奥托·李连塔尔共制作了多种单翼滑翔机和双翼滑翔机，并先后进行了 2 000 多次飞行试验。

1896 年 8 月 9 日，他驾驶滑翔机在里诺韦山试飞时，遭遇强风不幸坠机，第二天不治身亡。

奥托·李林塔尔为飞行牺牲的故事，激励了生活在远隔万里的美国两兄弟——莱特兄弟。之后，人类开始进入动力飞行时代。

第5章 飞机发明者——莱特兄弟

5.1 从自行车到飞机

　　莱特兄弟出生在美国俄亥俄州，他们的父亲是一位教父，母亲是音乐教师。

　　莱特兄弟儿时就对机械产生了浓厚的兴趣，从小就喜欢拆拆装装。有一年圣诞节，爸爸给他们带回了一个"蝴蝶"玩具，并告诉他们，这个"蝴蝶"能在空中飞行。"鸟才能飞呢，玩具怎么也会飞？！"哥哥威尔伯表示怀疑，爸爸当场做了演示。只见他先把上面的橡皮筋扭紧，一松手，"蝴蝶"玩具就一边发出呜呜的声音，一边向空中高高飞去。兄弟俩这才相信，人工制造的东西也可以飞上天！从此，他们幼小的心灵里就种下了一颗飞行的种子。

威尔伯·莱特
（1867.4.16—1912.5.30）

奥维尔·莱特
（1871.8.19—1948.1.30）

成年后的莱特兄弟

长大之后的兄弟俩从事自行车贸易，后为扩展业务，他们又自己生产自行车。1896年奥托·李林塔尔为飞行牺牲的故事传到了美国，这件事极大地激励了莱特兄弟。

莱特兄弟没有上过大学，也没有接受过任何正规的技术培训，但他们一直都保持着强烈的好奇心和求知欲。从 1899 年开始，他们将从自行车生意中获得的利润全部投入飞行测试，并致力于动力飞行研究。之后，莱特兄弟发现了一个长期被人们忽视的问题：如何操纵飞机实现平衡和稳定。他们敏锐地意识到，和自行车一样，飞机也需要不断调整平衡才能正常飞行。因此，控制飞机和制造飞机应该是同等重要的。

5.2 "飞行者一号"问世

在刻苦钻研李林塔尔的飞行理论，向当时美国著名航空科学家塞缪尔·兰利求教，并进行了上千次试验之后，莱特兄弟发现，飞行器的设计和制造需要解决三个问题：控制系统、机翼形状、动力来源。

他们观察发现鸟类是通过改变翅膀后端羽毛的角度来控制飞行方向变化的，并以此为灵感发明了"机翼翘曲"技术。经过不懈努力，莱特兄弟在反复试验之后实现了用机翼翘曲控制滚转，用前置升降舵控制俯仰，用尾部方向舵控制偏航。

　　为了更好地掌握气动理论，他们还自己建造了试验风洞，试验了200 多个翼型，掌握了大量数据，并对李林塔尔和兰利的理论和数据进行了修正和补充。这些试验为他们研制动力飞机提供了直接依据，并增强了他们取得成功的信心。

　　1903 年，在合作多年的机械机泰勒的帮助下，莱特兄弟成功研制了世界上第一架有动力飞机——"飞行者一号"，上面装载了一台质量为 79 千克、可产生 5.88 千瓦功率的发动机。

"飞行者一号"

　　1903 年 12 月 17 日是人类飞行历史上意义深远的日子。上午 11时，奥维尔·莱特进行第一次试飞。他驾驶"飞行者一号"成功升空。第一次飞行留空时间很短，只有 12 秒，飞行距离约 36.6 米，但这是一项伟大的成就：**人类历史上第一次有动力、载人、持续、稳定、可操纵的重于空气的飞行器的成功飞行。**这次飞行实现了人类几千年的飞行梦想，也标志着航空时代的来临。当天莱特兄弟又进行了三次飞行，取得的最好成绩是留空时间 59 秒，飞行距离 260 米。

　　之后的 2 年内，莱特兄弟又先后制造了结构更完善、飞行更稳定的"飞行者二号"和"飞行者三号"，持续飞行时间最长为 38 分钟，飞行距离 38.6 千米，并可实现倾斜、转弯和做"8"字飞行。

第 6 章　了不起，我们中国人！

我国对航空的探索几乎是与欧美国家同时起步的。19 世纪 40 年代，航空新闻、航空绘画和航空文章开始走进我国民众的视野。

清末插画《演放气球》的配文称"中国人仅见天津武备学堂，于八月间制成气球"，称热气球最大的好处是"最利行军妙用"。

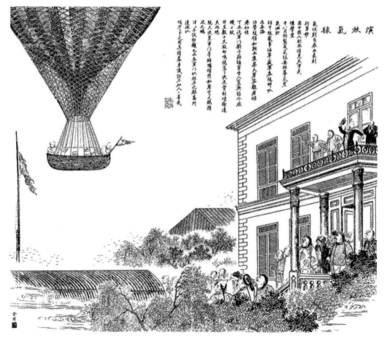

清末插图《演放气球》

另一幅清末插画《天上行舟》的内容为西方人设想借鉴气球的飞行原理制造飞船，游行空际如"泰山之云"。

1901 年，一篇专门介绍飞机的文章《飞机考》被收编在《皇朝经济文编》中。这是中国人撰写的第一篇研究航空和飞机的文章。

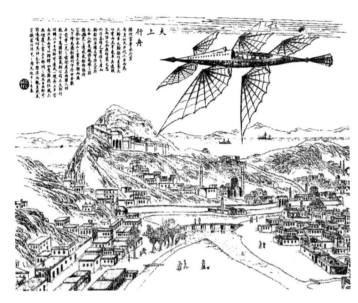

清末插画《天上行舟》

在航空大发展的国际背景下，中国政府派留学生出国学习航空专业知识，购买气球和飞机。不久，在海外学习飞机知识、旅居海外的中国人开始设计、制造飞艇和飞机，并将飞机设计、制造引入国内。除了我们熟知的冯如、谭根，我国还涌现了很多航空先驱，他们的名字和一丝不苟的工匠精神将永远留在中国航空史册里。

6.1　华蘅芳与中国第一只氢气球

华蘅芳，1833 年生于江苏无锡，清末著名数学家和气球制造家。

当时的中国在西学东渐、维新变法和洋务运动的多重影响下，现代航空业也随之开始萌动。清光绪十三年（1887 年），担任天津武备学堂数学教习的华蘅芳制作了一个直径约 1.7 米的气球，灌入自制的氢气后成功飞起。华蘅芳因此成为**中国自制氢气球的第一人。**

受到华蘅芳氢气球研制成功的鼓舞，光绪三十一年（1905 年）湖广总督张之洞向日本接连购买了两个山田式侦察气球，在武昌阅马场东兵营操场演放。此后的 3 年里，湖北陆军第八镇、江苏陆军第九镇、直隶陆军第四镇相继成立了气球队，开展气球侦察演习，开创了中国军用气球的先河，中国最原始的空军由此诞生。

华蘅芳（1833—1902）　　张之洞 (1837.9.2—1909.10.4)

6.2　谢缵泰与中国第一艘飞艇

谢缵［zuǎn］泰，广东开平人，中国飞艇创始人，也是中国航空先驱。他 1872 年生于澳大利亚，后定居香港，擅长数学和手工技艺。

1852 年，法国人享利·吉法尔发明并制造了世界上第一艘可操纵飞艇。受此鼓舞，谢缵泰自 1894 年开始专注于飞艇设计，历时 5 年，

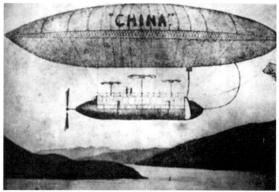

谢缵泰（1872—1938）和他的"中国号"飞艇

便成功设计、制造出了"中国号"飞艇。该飞艇主要由气囊、艇身和动力系统组成，其金属铝制艇身悬挂于气囊下，装载有发动机和螺旋桨。

令人遗憾的是，谢缵泰的"中国号"飞艇始终未能得到清政府的重视。

此外，谢缵泰早年曾参加兴中会，从事革命宣传工作，编辑《南华早报》。他是著名画作《时局图》的作者。这幅画及时、深刻、形象地向国人展现了 19 世纪末帝国主义列强瓜分中国河山的严重危机，反映了中国已沦为半封建半殖民地国家的历史现实，起到了警示钟的作用。

时局图

6.3 "中国航空之父"——冯如

 冯如其人

冯如（1883.1.12—1912.8.25），原名冯九如，字鼎三，广东恩平人，是中国第一位飞机设计师、制造师和飞行家。他把毕生精力献给了祖国的航空事业，是中国近代最早的军事航空思想家，被誉为"中国航空之父"。

冯如从小喜欢制作风筝和车船等玩具，对神话故事尤其是飞天故事更是满心向往。1895 年，甲午战争失败，少年冯如随舅父一同前往美国旧金山谋生。

冯如（1883.1.12—1912.8.25）

冯如的航空梦

　　旧金山是美国西部重要的金融中心和贸易港口。熙攘的城市、发达的工业、密集的工厂让冯如逐渐明白，正是因为西方国家工业发展快、国力昌盛才敢来欺辱我们。于是，他下定决心学习技术，投身机械制造，立志用科技救中国。

　　18 岁时，冯如赴纽约攻读机器制造专业。他学习踏实刻苦，成绩在班上名列前茅。毕业后，冯如积累了扎实的机械制造知识和丰富的实践经验，并设计制造出一系列机械装置，成为当地一位小有名气的机器制造家。

　　冯如在专心致志研究机械装置的同时也在关注彼时战火连绵的祖国，发誓要用自己的一技之长报效国家。起初，他想制造一艘军舰，以加强中国的海防力量。正在这时，莱特兄弟成功研制了"飞行者一号"的消息在国际上引起了强烈反响。于是，冯如明确了自己的努力方向："我发誓要用毕生精力为国家研制飞机。苟无成，毋宁死！""飞机不成，誓不回国！"

 冯如一号

　　1908 年 5 月，冯如和他的 3 位助手，租用旧金山奥克兰东九街第 359 号一间面积不到 8 平方米的房屋作为厂房，定名为广东制造机器厂。在这里，他们开始研制中国人的第一架飞机。

　　1909 年 9 月 21 日下午 6 时左右，冯如亲自驾驶"冯如一号"飞机，从粗糙的地面上滑跑起飞。这次飞行的着陆虽然不够完美，但这次飞行受到美国媒体的高度评价。1909 年 9 月 23 日的《旧金山考察家报》

上说："在航空领域，中国人把白人抛在后面。""冯如一号"首飞成功后，冯如改进、研制了"冯如二号"。1910 年 10 月至 12 月，由冯如亲自驾驶，在奥克兰进行了多次飞行表演，大获成功，引起轰动。很快，冯如成为世界公认的杰出飞机设计师、制造家和飞行家。冯如的成就极大地鼓舞了正在遭受西方列强奴役的中国人民，让世界看到了中国人的智慧与力量，增强了中国人民的自信心。

"冯如一号"

1911 年 2 月，冯如谢绝美国多方聘任，和他的 3 个助手一起，携带自制的两架飞机及部分制造设备回国，为开创祖国的航空事业和实行民主革命而奋斗。

1912 年 8 月 25 日，冯如在广州郊区进行飞行表演。在空中技巧表演结束后的着陆过程中，飞机失去了平衡，坠落在草地上。冯如的头部、胸部、腹部等都受了重伤，经抢救无效，不幸逝世，年仅29 岁。

6.4 谭根与他的水上飞机

谭根（1889—1925），原名谭德根，原籍广东开平，出生在美国加利福尼亚州旧金山市，是近代中国航空先驱，被誉为"中国水上飞机设计第一人"。

《青年杂志》

1910 年，谭根从飞行学校毕业，获加利福尼亚飞行协会和万国飞行协会证书。随后，在华侨资助下，谭根开始设计水上飞机，成为世界早期水上飞机设计者之一。他创造性地将发动机安装在机头上，使其性能优于当时欧美同类飞机。谭根驾驶着这架飞机一举夺得在美国芝加哥举行的万国飞机制造比赛大会冠军。对此，陈独秀创办的《青年杂志》①（第一卷第六号，1916 年）上这样报道："是年万国飞机制造大会，与会者西洋有英法德美四国，而代表亚洲者，唯中华谭君一人而已。谭君携自制之水面飞行机赴赛，竟获首选。当时列强中，能发明水上飞机者，只英法德美数国，而谭君竟夺首席，欧美报纸哄传殆遍，咸谓谭君非特中华飞行界第一人，且应执全世界飞行家之牛耳。"可见当时谭根设计的水上飞机在技术水平上丝毫不亚于欧美列强。

6.5　刘佐成、李宝焌与"飞机一号""飞机二号"

1901—1911 年间，清政府推行洋务运动，选派多批留学生出国学习飞机驾驶和航空工程，刘佐成和李宝焌便是其中的杰出代表。

1910 年，刘佐成和李宝焌合作制造了"飞机一号"；李宝焌发表了中国第一篇航空学术论文——《研究飞行报告》，是我国杰出的航空学术先导人物。

---

① 《青年杂志》自第二卷（1916 年 9 月）起更名为《新青年》。

刘佐成（1883—1943）　　　李宝焌（1886—1912）

1911 年 6 月，刘佐成和李宝焌合作设计、制造的"飞机二号"在北京五里毅军操场上进行了试飞。这是中国人在国内制造的第一架飞机。在这次试飞过程中，飞机因发动机损坏而坠落，刘佐成身负重伤。

1912 年初，李宝焌曾一度受中华民国临时政府征召负责飞机制造。遗憾的是，南京临时政府仅维系了 3 个月便倒台，李宝焌制造飞机的计划也随之夭折。同年 10 月，李宝焌壮志未酬因病早逝，年仅 26 岁。

6.6　厉汝燕与中国第一次长途飞行

厉汝燕，浙江定海人，近代航空活动家、飞行家与设计师。

1909 年，厉汝燕从英国伦敦纳生布敦工业学校毕业。此时，欧洲航空发展迅猛。厉汝燕深感中国发展航空的重要，立志从事航空事业。他曾多次吁请清政府重视航空。经清政府批准，1910 年厉汝燕进入英

厉汝燕（Zee Yee Lee）1911 年获得第 148 号飞行执照

国布里斯托尔飞行学校学习飞行，毕业后经英国皇家航空俱乐部考试合格，获得飞行员执照。

1911 年，受国内委托，厉汝燕从奥地利买回两架爱吹契·鸽式飞机，这是中国历史上首次从海外购买飞机。

奥地利产的爱吹契·鸽式飞机

厉汝燕回国后，任沪军航空队长。1913 年，他随爱吹契·鸽式飞机转到北京南苑陆军第四师，任飞行训练教员兼飞机修理厂厂长。同年 9 月，厉汝燕担任国内第一所航空学校——南苑航空学校主任教官，和潘世忠等人一起为我国培养了大批飞行员。

1914 年，厉汝燕完成了北京至保定航线的飞行，这是**我国最早的一次长途飞行**。同年，他还研制了一架新型水上飞机。

此外，厉汝燕还利用闲暇时间撰写了《航空学大意》《世界航空之进化》等航空论著，为中国近代航空业的发展做出了重要贡献。

6.7　潘世忠与"枪车"飞机

潘世忠，江苏青浦人（今上海）。中学毕业后，他勤工俭学赴法国深造，在飞行学校学习，并因技术优秀获得法兰西国际航空联合会证

书。学业有成的他回国后被任命为中华民
国临时副总统顾问，管理飞艇事务。一年
后，他被调离南京，到北京南苑航空学校
任教官。

潘世忠（1889—1930）

1913 年 10 月 12 日，潘世忠在北
京南苑操场作飞行表演。他驾驶着自己
设计、制造的飞机滑行升空，然后绕着总
统府、参谋部、旧城墙飞行，飞行高度达
1 500 米。潘世忠是中国航空史上第一位
在国内本土驾驶自制飞机飞行的飞行家。他的飞行技术不仅让同胞感
到振奋，也令海外航空界人士折服。

1914 年 5 月，潘世忠兼任南苑飞机修理厂厂长，他潜心研制出
多种类型的飞机。1914 年，在法国高德隆双翼飞机的基础上，潘世忠
改造出了一架 59 千瓦动力的推进式飞机。该飞机机头配置有一挺"汉
阳造"机枪，人称"枪车"，这可算得上是国内最早的武装飞机了。

"枪车"飞机问世

非常遗憾的是，该机型因为发动机出现超温现象，未能正式投入

使用。1915 年，在潘世忠的带领下，南苑航空学校又成功研制了航空炸弹。1917 年张勋复辟，潘世忠驾机助战讨伐，迫使其投降。

1930 年，年仅 41 岁的潘世忠因病医治无效逝世。

6.8 王助、巴玉藻与"甲型一号"水上飞机

1916 年 6 月，两位中国青年以优异的成绩获得麻省理工学院航空工程硕士学位。由于国内政局纷乱，他们毕业后只得暂时滞留在美国工作，其中一位被美国通用飞机制造厂任命为总工程师，另一位则成为波音飞机公司的第一任总工程师。他们分别是巴玉藻和王助。

王助（1893—1965）   巴玉藻（1892—1929）

1917 年冬，国内局势稍稳，巴玉藻、王助怀揣献身祖国航空事业的志向，毅然启程回国。经北洋政府批准，巴玉藻、王助等人于 1918 年 2 月正式在福建马尾船政局内创设我国第一个飞机制造厂——海军飞机工程处。他们集中优秀技工，进行专业培训；筛选国产材料，测试物理性能；利用船政局原有的机器加工飞机部件。

1919 年 8 月 9 日，他们在艰苦环境下研制成功的我国第一架水上飞机"甲型一号"紧贴着水面快速滑行，而后腾空而起！

"甲型一号"水上飞机

"甲型一号"是一架单发动机双浮筒双翼水上教练机，木质机身，高 3.88 米，机体长 9.32 米，翼展 13.70 米，最大时速 126 千米 / 时，飞机净重 836 千克，最大载重 1 063 千克，飞行高度 3 690 米，续航能力 3 小时，最大航程 340 千米，可载 2 人机组，可载炸弹 4 枚，其性能、质量均不亚于同时代欧美各国的产品。

6.9　林福元与中国空军人才的培养

林福元，1890 年出生于美国加利福尼亚州奥克兰市，祖籍广东开平市，他的父亲是一位旅美华侨。

林福元 1913 年毕业于美国寇蒂莱斯特航空学校（Curtiss Aviation School）。林福元飞行技术高超，曾经多次在美国的飞行表演中取得金牌。青年时期的林福元在变法维新思潮的影响下，加入了康有为在加拿大创立的"保救大清光绪皇帝会"（后

林福元（1890—1962）

改称"国宪政党",通称"保皇党")。

1914年9月,林福元带着1架飞机由美国经日本回广州,后因故连人带机滞留香港。在此期间,他阅读大量进步书报,深受革命党人的影响,之后离开"保皇党",转而追随孙中山先生。

1916年林福元在汕头试飞

1917年后,林福元追随孙中山参加革命,先后担任广东航空队副队长、广东航空学校机务处长、南京航空署机务处长、南京第一飞机修理厂厂长、广东航空学校教育长等职务。

林福元曾亲自驾驶飞机,参加了讨伐北洋军阀的战斗。他还组建飞机修理厂,开设航空班,为我国培养了大批优秀航空人才。

1932年,林福元升任广东空军参谋长。1935年,林福元调任广州东山飞机制造厂厂长。在他的领导下,该厂先后生产制造出9架"羊城"轻型战斗轰炸机。1937年抗日战争全面爆发后,林福元调任广东韶关飞机制造厂厂长。他带领全厂500多名员工,不畏日军的狂轰滥炸坚持生产,装配、制造了"复兴"型、波音281、霍克II等型号战斗机,有力支援了前线作战。

1944 年，54 岁的林福元改任中央航空公司高级顾问。

1962 年，林福元在香港病逝，享年 72 岁。

6.10　吹响"航空救国"的号角

提出"航空救国"口号的第一人是孙中山。他一生致力于民主革命，提出"民族、民权、民生"三民主义思想，同时他对科学技术的发展也非常关注。

孙中山书写的"航空救国"

孙中山看到了西方科技发展带来的经济繁荣，提出了一系列建立在科技发展基础上的"救国"思想，如"铁路救国""实业救国"和"航空救国"。

从 1911 年辛亥革命到 1925 年病逝的十几年间，孙中山始终不渝地号召爱国侨胞学习航空技术，鼓励他们回国设厂创业；他支持创办飞行学校，大力培养航空人才；他还极力推动建立航空工业和空军力量，对中国航空事业的早期发展做出了奠基性的贡献。

1937 年 7 月，抗日战争全面爆发。这时的中国空军实力非常弱，仅有 300 架飞机、600 余名飞行员，而且飞机陈旧，机型杂乱，性能落后。面对航空工业发展较快的日本，中国空军没有退缩，先后在苏联空军志愿队和美国志愿航空队（飞虎队）的支援下，与强敌殊死搏斗，给侵略者以沉重打击。在这个过程中，海外华侨做出了不可忽视的贡献，他们积极捐钱、捐物。据当时国民政府统计，抗战期间海外华侨捐款总计超过 13 亿元，侨汇达到 95 亿元以上，占当时中国军费的 43%。

在抗战最艰难的时刻，一批批年轻华人放弃了海外的安逸生活，毅然决然千里迢迢返回祖国大陆，踏上抗日救亡的前线。这些归国的华侨子弟受教育程度较高，大多加入了技术含量比较高的军种，特别是空军。

1941 年国民政府向海外发行了总额为 500 万美元的航空救国券，发行对象主要为美国、加拿大等地的海外华侨、华人。各地华侨、华人积极响应，认为购买航空救国券就是为中国抗战贡献了一份力，于是纷纷踊跃认购债券，支持购机。

航空救国券

航空救国券发行简章

6.11　中国大飞机的研发之路

中国商飞上海飞机制造有限公司浦东基地停放着一架白色机身的大飞机，它的尾翼上绘有一面鲜红的国旗。旁边矗立着一座名为"永不放弃"的雕塑向我们诉说着中国人的大飞机梦：这架大型客机曾在

30 多年前翱翔于中国蓝天，这是中国自行设计、制造的第一架大型喷气式客机，它的名字叫"运 -10"。

运 -10 飞机

1980 年 9 月 26 日，运 -10 首飞成功。副总设计师程不时这样说道："中国人的智慧与勤劳充分体现在这架飞机的建造期间。这么苦的情况下，居然把个大飞机就干成了。对我们民族来讲，是一种能力，我们中国能干这个事。"

运 -10 飞机副总设计师程不时

运 -10 的研制成功在中国当时的经济条件和技术水平下可谓是创造出了一个奇迹，但之后由于种种原因，1985 年，运 -10 项目被搁置。在随后的 20 世纪 80 年代末和 90 年代，我国又进行了几次国际合作来发展民用飞机，但是最终这些尝试都未能持续推进。

随着中国经济的快速增长和民航业的不断发展，航空运输产业展现出巨大的市场需求，研制具有自主知识产权的商用飞机被再次提上日程。

2017 年 5 月 5 日，我国自主研制的第一款全面采用先进技术且具有完全自主知识产权的大型喷气式客机 C919 在上海浦东国际机场实现完美首飞，这标志着我国真正具备了研制现代干线飞机的核心能力。

C919 首飞

中国工程院院士、C919 总设计师吴光辉提出："大飞机项目要达到国际先进水平，还有很长的路要走。未来的道路上，还有很多难关需要我们征服，很多难题等待我们攻克。我们大飞机人一定会攻坚克难，在科技创新的道路上不断攀登新高峰。"

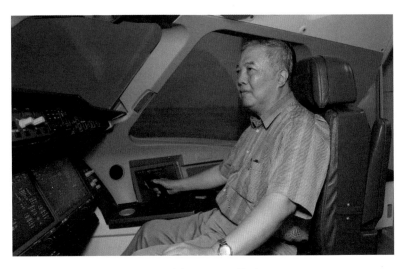

C919 总设计师吴光辉

C919 试飞机组

　　2022 年 12 月 9 日，国产大型客机 C919 交付中国东方航空公司。上午 11 点 40 分左右，C919 大型客机首架机从上海浦东国际机场启航飞往上海虹桥机场，虹桥机场以国际民航中的最高级别礼仪"过水门"迎接，这也意味着我国民航运输市场首次拥有了中国自主研发的喷气式干线飞机。

东方航空公司正式接收首架 C919 飞机

2023 年 5 月 28 日，由国产大飞机 C919 执飞的中国东方航空 MU9191 航班从上海虹桥机场起飞，在北京首都机场平稳降落并穿过"水门"，顺利完成这一机型的全球首次商业载客飞行。

第三站

航空器博览

 请思考：这幅设计稿中的飞行器能飞起来吗？飞行器应由哪些部分组成？

第7章　飘过欧洲的热气球

小朋友，你知道热气球是谁发明的吗？热气球是怎么飞起来的？人们是如何控制它的飞行方向的呢？

球囊

燃烧器

吊篮

热气球

热气球（Hot Air Balloon）是一种比空气轻的飞行器，它的上半部像一个气球，叫作球囊。热气球的球囊不透气，质量很轻但很结实。在飞行途中，驾驶员需要间断性地给球囊里的空气加热，才能保持热气球滞空不掉落，加热时需要使用位于球囊下方的燃烧器。在球囊的和燃烧器下方，就是驾驶员及乘客站立的位置，叫作吊篮。吊篮一般由藤条编织，并通过其四个角上的多根钢索连接至球囊。液化石油气是热气球飞行所需要的重要条件，由专用的钢瓶装好后放置在吊篮的4个角落并固定好。在飞行途中，就是这4个钢瓶给热气球提供飞行动力的，同时钢瓶也起到了稳定重心的作用。

7.1　蒙哥尔费兄弟

法国的蒙哥尔费兄弟发明了热气球，而他们原本从事的行业是造纸业。

约瑟夫·蒙哥尔费　　雅克·蒙哥尔费

1782 年的冬天，哥哥约瑟夫·蒙哥尔费在壁炉边看着烟雾、火星平稳地从烟筒中消散出去，一个念头突然在他脑海中闪现："如果我可以把让烟雾、火星飞起来的'气体'收集起来，是不是可以带动一个类似气球的东西升空呢？"于是，约瑟夫找来非常薄的木料做了一个盒子，并用塔夫绸覆盖侧面和顶部，在箱底下点燃了一些纸。这个装置很快从支架上升起，撞到了天花板上。

燃烧产生的烟雾和火星

约瑟夫非常惊喜，他立即同弟弟雅克·蒙哥尔费联手进行规模更大的试验。这一次，试验场地选在了室外，"丝绸袋子"上升到大约215米的高空。此后，蒙哥尔费兄弟又多次进行试验，他们的气球做得越来越大，气球上升的高度也越来越高。

1783年6月，兄弟俩决定在户外做一次公开表演。他们用亚麻布作外料，用纸作衬里，制成了一个直径约11米的热气球。他们当众进行了首次热气球升空展示：当气球下面的稻草和羊毛点燃后生成的烟充满气球的时候，他们安排8个人先用力向下拉住热气球，然后同时轻轻松手，热气球上升到了近200米高空，并在空中停留了10多分钟，飞越的距离超过了1 600米，之后才缓缓降落下来。

热气球升空的消息传到巴黎，引起了法国科技爱好者的极大兴趣。蒙哥尔费兄弟应邀向巴黎科学院报告了他们的成果，并奉命去首都进行表演。1783年9月19日，法国国王路易十六携王后玛丽·安东尼特亲率大批文武官员来到凡尔赛广场，观看热气球表演，同时有10多万巴黎市民闻讯赶来。

当天演示的热气球的直径约为12米，球体是由轻质薄纱与牛皮纸制成的，外面还挂满了装饰物，远远望去，格外引人注目。在这次表演中，他们决定让动物作为"乘客"升空：一头山羊、一只鸭子和一只公鸡。热灶里填满了羊毛和干草，点燃后，很快灶中喷出了一股股热气和浓烟，把这个色彩鲜艳的大气球吹得鼓

第一次载动物热气球表演

胀起来。气球上升到大约 500 米的高空并停留了约 8 分钟，飞越了大约 3 500 米的距离。

飞行结束，三只动物安全着陆之后，广场上一片欢腾，路易十六将圣米歇尔勋章授予了兄弟俩。从那时起，热气球便有了一个新的名字———Montgolfière（蒙哥尔费）。

塔载动物的热气球升空试验成功之后，蒙哥尔费兄弟宣布接下来要挑战载人热气球升空试验。这时，两位勇敢的法国青年罗齐尔、阿兰德斯挺身而出，他们对热气球飞行充满好奇，决定一同去冒险。

1783 年 11 月 21 日，人类第一次载人气球成功升空了！据记载，气球在空中飞行了 25 分钟，飞行高度约 900 米，飞行距离约 9 千米，最后在巴黎近郊一块麦地里安全降落。这一惊人之举在当时轰动了整个巴黎。

人类第一次载人热气球实验

蒙哥尔费兄弟的载人飞行成功之后，热气球很快就在法国风靡起来，没过多久就普及到了整个欧洲。

7.2　热气球的工作原理

空气是有质量的物质。相同体积的空气，温度不同，其密度、质量也不同。**热空气比冷空气密度小，因此相同体积的热空气比冷空气质量轻。**热气球能够飞上天空，就是基于这个原理。

举例来说，1 立方分米的空气重约 1 克，但是如果加热到 37.8 摄氏度，质量会减少约 0.25 克。换句话说每立方分米的空气加热到 37.8 摄氏度的时候，可以载重 0.25 克。如果球囊容积是 2 000 立方米，按照每立方分米可以载重 0.25 克来算，那么这个热气球可以载重 500 千克。这还只是在 37.8 摄氏度的前提下。随着温度升高，体积增大，热气球所能承载的质量也会越来越大。

空气受热膨胀，此时空气变轻，产生浮力，热气球上升；空气变冷收缩，此时空气变重，热气球下降。

下面我们通过一个小实验来理解热气球是怎么升空的。

我的试验记录

实验步骤：

1. 将气球套在塑料瓶瓶口。

2. 将瓶身放入热水中，观察气球的变化。

_____

3. 把瓶身泡进冷水中，观察气球的变化。

_____

　　通过这个实验，我发现水温越高，

气球越_____

通过实验，大家发现热气球升空的基本原理是热胀冷缩。

在飞行中，热气球飞行员可以通过控制燃烧开关来调整球囊内的温度，以达到控制热气球上升和下降的目的。此外，若遇到紧急情况，需要急速上升时，还可以通过抛弃悬挂在篮筐上的配重物来实现。

热气球里有一根细绳，用于打开球囊顶部的排气阀。驾驶员拉动相连的细绳，排气阀收缩，从球囊中挤出一部分空气来降低内部气温，这样热气球会产生一个滞空下降的趋势，这也是大部分热气球在降落时使用的方法。

热气球飞行中水平方向（前后左右）的移动又该如何实现呢？我们可以对热气球的飞行方向进行控制吗？答案是可以，但只能借助风力的推动，因此要提前做气象观测。热气球驾驶员是根据大气现象来改变气球的飞行方向的，他们在空中通过气球与地面的相对运动，体验各个高度层的不同风向，然后操纵气球上升或下降至自己需要的风向所在的高度，并保持在这一高度层飞行，这样便可达到自己要飞向某个目标的目的。

一般热气球的最佳飞行时间是太阳刚刚升起时或者太阳下山前的一两个小时，这个时间的气流也比较稳定。我国现行《热气球飞行规则》规定，风速小于每秒6米，能见度大于1.5千米，而且飞行空域内无降水时，才可以使用热气球飞行。

第8章　滑翔机的演变

8.1 "空气动力学之父"——乔治·凯利

1801 年，英国的乔治·凯利爵士观察竹蜻蜓、鸟类、鱼的运动，对飞行原理、升力及机翼的角度关系、机身的形状、方向舵、升降舵、起落架等进行了科学的研究和试验，首次把飞行从冒险的尝试上升为科学的探索。

乔治·凯利
（1773—1857）

他的航空研究论文系统阐述了作用在重于空气的飞行器上的 4 种力——升力、重力、推力、阻力，并提出升力的产生的原因，分析翼型对升力的影响，这些被看作现代航空学诞生的标志。因此，后人尊称他为"空气动力学之父"。

乔治·凯利根据竹蜻蜓的飞行原理，设计出最早的直升飞行器并实践了飞行计划。1843 年，凯利开始设计更大的旋翼飞行器，公开了船架直升机的设计稿，他将其命名为"空中运输机"（Aerial Carriage），这个设计采用了两套旋翼转子——一套较大的用于增大升力，另一套较小的用于提供推力。

1804 年，乔治·凯利通过研究鸟的飞行，设计了一架带翼的滑翔机模型。不久之后，他又设计了一架复合式飞机，即在轮车上安装固定翼，在翼尖上安装扑翼。

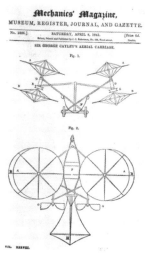

空中运输机

1808 年，乔治·凯利研制了"旋翼"和"桨轮"飞机，并于同年设计了一架扑翼机。

1809 年，乔治·凯利成功制造出航空史上第一架全尺寸滑翔机并试飞。

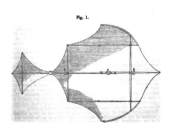

脱离拖曳装置的滑翔机设计稿

1847 年，乔治·凯利制作了一架大型滑翔机（Boy Carrier），成功地把一名 10 岁男孩带上天空，升空的方式是从山坡上滑下，以及用绳索拖曳，飞行高度为 2~3 米。

如何才能摆脱对拖曳绳索的依赖呢？在大量试验之后，由人操纵的滑翔机于 1852 年第一次脱离拖曳装置飞行成功，乔治·凯利的马车夫也成为第一个离地自由飞翔的人，这次的飞行距离大约 500 米。

8.2　"滑翔机之父"———奥托·李林塔尔

奥托·李林塔尔
（1848.5.23—1896.8.10）

德国工程师奥托·李林塔尔是一位了不起的滑翔机飞行家，更是一位杰出的航空先驱者。他是最早设计和制造出实用滑翔机的人，人称"滑翔机之父"。

李林塔尔酷爱飞行，青少年时痴迷于"飞人"试验，成年之后，他利用业余时间系统观察飞鸟。他善于动手创造，并通过航空试验来验证观察的结果。此外，李林塔尔注意积累数据，总结经验，提出了"曲面机翼比平面机翼升力大"的观点。

1871 年起，他将研究聚焦在研究和制造滑翔机，研究空气动力学、试制飞机和驾机试飞。他将这些研究结果都融入他的著作《鸟类飞行——航空的基础》一书中，这本书被后来的飞行探索者奉为经典之作。

1891 年，他制作了第一架固定翼滑翔机。这架滑翔机的机翼长 7 米，用竹和藤作骨架，骨架上缝着布。

你知道这架滑翔机的哪个位置是留给操作人员的吗？请认真看下图，人的头和肩可从两机翼间钻入。机上装有尾翼，远远看上去就像一只展开双翼的蝙蝠。他驾驶这架滑翔机从 15 米高的山岗上跃起，依靠身体动作控制飞行。滑翔机在气流的作用下，轻盈地滑翔了 90 米，安全着陆。这次试飞的成功肯定了曲面翼的合理性，标志着世界上第一架悬挂滑翔机的诞生。

悬挂滑翔机试飞

李林塔尔试飞

1891—1896 年间，李林塔尔先后进行了 2 000 多次试飞，并多次改进滑翔机总体布局，同时拍摄了很多照片资料，积累了大量数据，并以此编制了《空气压力数据表》，给后来的飞机制造者们提供了宝贵的资料。

通过不断改进，李林塔尔不断刷新滑翔机的飞行距离。1895 年，李林塔尔用他设计制造的"李林塔尔 11 号滑翔机"从柏林附近的悬崖上起飞，成功滑翔了 350 米（1 150 英尺）——这个距离在当时的滑翔机飞行记录中是非常惊人的。

　　与其他航空先驱一样，李林塔尔也认同鸟类的飞行是研究飞行力学的理想模型。于是，他提出滑翔机的动力可以通过机翼的上下拍动来实现。起初，他坚信可以通过滑翔机飞行员手臂带动机翼拍动的方式为滑翔机提供动力，后来的多次试验证实了这个想法是行不通的，之后他又尝试用不同的电机为滑翔机提供动力。

　　此外，李林塔尔在保持飞机的稳定性方面也取得了长足的进步。他在设计中引入了一种铰链式尾板，用于补偿滑翔机俯冲时的前倾。此外，他的双平面设计大大提高了飞行稳定性。

　　在试飞中，他通过改变飞行员身体重心的方式改变机翼的姿态，攻克了改变滑翔机飞行方向的难题。该方法虽然有效，但它在很大程度上受到飞行员驾驭滑翔机方式的限制。由于他设计的滑翔机是"套"在飞行员肩膀上的，这就意味着飞行员并不能将体重转移到离滑翔机重心较远的地方。

　　1896 年 8 月 9 日，李林塔尔操纵滑翔机从山坡上起飞后遇到一股强风，导致上升迎角太大，滑翔机突然失速栽向地面。第二天，他在柏林的一家诊所内不幸逝世，将生命献给了航空事业。

8.3　从滑翔机到动力飞行

　　滑翔机升空后，除非碰到上升气流，否则空气阻力会使飞行速度逐渐减小，升力也会越来越小。一旦重力大于升力，滑翔机就会越飞越低，直到着陆。

　　要想让滑翔机飞得时间久一些、距离长一些，有三个关键问题需要解决：一是飞机的**动力**；二是飞机的**升力**；三是飞机的**稳定性和操**

纵性。

1860年，法国人艾蒂安·勒努瓦仿照蒸汽机（1776年由英国人詹姆斯·瓦特发明）的结构，设计制造出第一台实用的煤气内燃机，为解决飞行**动力**问题创造了有利条件。

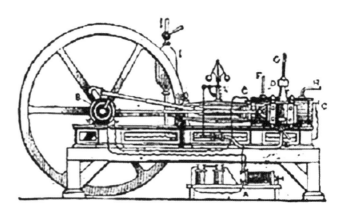

艾蒂安·勒努瓦（1822.1.12—1900.8.4）和他设计的煤气内燃机

19世纪90年代，英国人霍雷肖·菲利普斯使用风洞对比不同翼型产生的升力，发现了曲面翼型可以有效提高飞机的升力。至此，人们对机翼翼型和气动布局对**升力**的影响有了更为准确的认识。

霍雷肖·菲利普斯和他设计的多翼飞机

认识到飞机的**稳定性**、**操纵性**与翼型及飞机的气动布局有关，

1903 年 12 月 17 日莱特兄弟成功试飞了人类历史上第一架载人、有动力、可操纵的飞行器"飞行者一号"。之后，飞机在构造和性能上开始不断产生新的突破，进入了高速发展阶段。

"飞行者一号"

第9章 炮火中的飞行

18世纪中后期，热气球发明后不久，曾有人想到通过推进的方式，驾驭气球在天空飞行。那时候还没有出现"飞机"的概念，这种能驾驭的气球，成了人们"登天"的希望。

1784年，法国罗伯特兄弟制造了一艘人力飞艇，并在艇上装了桨。当年7月6日进行试飞，在气囊充满氢气后，飞艇徐徐上升，随着高度的增加，大气压逐渐降低，囊内氢气膨胀，气囊越胀越大，眼看就要胀破，这可把罗伯特兄弟吓坏了。在千钧一发之际，他们赶紧用小刀把气囊扎了一个孔来放气，这才使飞艇安全降回地面。

罗伯特兄弟的飞艇试飞

这次试验启示人们，应当在气囊上预留一个放气阀门，确保安全性。2个月后，兄弟俩又对飞艇做了改装，进行了第二次飞行。这次飞行由7个人划桨提供动力，飞行了7个小时，但只飞了几千米。虽然飞行速度很慢，但它毕竟是人类第一艘有动力的飞艇。

1872 年，法国人特·罗姆制成了一艘用螺旋桨代替划桨的人力飞艇。飞艇长 36 米，最大直径 15 米，加上吊舱，高达 29 米，可载 8 人。螺旋桨直径 9 米，几个人轮流转动螺旋桨，使其产生拉力，牵引飞艇前进，速度达每小时 10 千米，比划桨飞艇的的性能提高了很多。

特·罗姆设计的飞艇

　　第一次世界大战（1914.7.28—1918.11.11）前后是飞艇发展较快的时期，英国和法国使用小型软式飞艇执行反潜巡逻任务，德国则建立了齐柏林飞艇队，用于海上巡逻、远程轰炸和空运等军事活动。飞艇体积大、飞行速度慢、不灵活、易受攻击，同时由于飞机性能的不断提高，因而军用飞艇逐渐被飞机所取代。但飞艇的商业飞行仍有发展。

"兴登堡"号

　　1929 年德国制成的大型飞艇"兴登堡"号总长 245 米，直径超过 41 米，重 206 吨，曾 10 次往返飞行于美国和德国之间，共运送旅客 1 000 多人。这时期的飞艇大都使用氢气作为浮升气体，易燃易爆，很不安全。1937 年，"兴登堡"号在着陆时因静电火花引起氢气爆炸，

36 人遇难。英、美也有多艘大型飞艇相继失事，此后飞艇的发展陷于停滞状态。

9.1 空战中的"银色铁翼"

20 世纪初，席卷全世界的头件大事就是第一次世界大战，这是一场主要发生在欧洲，但波及全世界的世界大战。当时大多数国家都卷入了这场战争，大约有 6 500 万人参战，大约 1 000 万人失去了生命，大约 2 000 万人受伤。

大战刚爆发时，参战的各国中没有人把飞机作为作战武器，而是仅用于侦察，飞行员每天驾驶飞机在前线上空拍摄，刺探敌情。1914年 8 月 22 日，德军大举进攻法国，侦察机提供的情报使英国远征军得以组织撤退，因而挽救了无数人的性命。

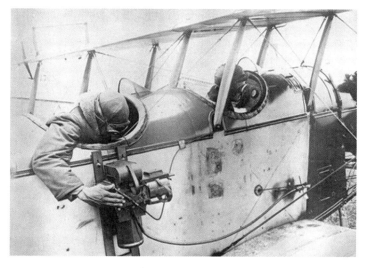

侦察兵正在拍照

为了消灭侦察机，战斗机才正式出场，自此各国开始了对制空权的争夺战。由于当时技术有限，因此飞机的载重量、飞行速度和飞行距离都受到限制，安全性较低。大多数飞机是双翼机，飞机的机身全部都是用木头制造的，机身和机翼上覆盖着涂上胶的布料，没有任何武器装备。最初的空战是飞行员手持手枪和手榴弹进行作战。

手持手枪作战的飞行员

战争的发展催化战斗机的演变，机枪射击逐渐成为战斗机的常规作战方式。到第一次世界大战结束时，战斗机的基本形态大致上已经有了雏形：以小型机为主，强调运动性，需要有向前射击的固定武装。

一战的作战飞机使机枪装在螺旋桨后方，荷兰著名飞机设计师安东尼·福克发明的机枪射击同步协调器，使得子弹不会打到螺旋桨上。其原理非常简单，在机械联动装置的末端安装一个凸轮，当桨叶将要转到枪口前时，凸轮受到螺旋桨突出部分的撞击，凸轮的运动通过联动装置和机枪的工作相联系，导致机枪暂停击发，当桨叶通过枪口时，凸轮又回到初始位置，机枪继续射击。

安东尼·福克
(1890—1939)

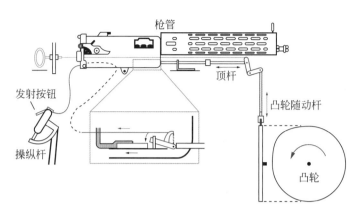

机枪射击同步协调器工作原理示意图

随着军用飞机性能的提高，一个全新的机种——轰炸机问世。

在残酷的战争面前，飞行员的生命异常脆弱。为了对飞行员进行更加有效的训练，飞行模拟器应运而生并引发广泛关注。

R.VI 轰炸机

9.2 飞行模拟器的前世今生

下面这幅照片记录的是 2022 年全国青少年模拟飞行锦标赛的开幕赛。模拟飞行是国家体育总局 2005 年正式立项开展的体育项目之一。该赛事起步于 2007 年，以对真实飞行的兴趣为引领，融会贯通物理、工程机械、英语、军事、计算机、虚拟现实等多学科知识内容，近年来吸引了大批青少年航空爱好者和飞行迷。

2022 年全国青少年模拟飞行锦标赛的开幕赛

你可能会觉得奇怪，飞行比赛为什么不是驾驶着飞机在空中进行？这些由屏幕、手柄、耳机组成的模拟设备可以反映飞行的真实情况吗？

小朋友面前摆放的这些设备是**飞行模拟器**。对它们的研发始于 20 世纪初，到现在已经有 120 年的历史了。

下面让我们一起走进飞行模拟器的前世今生吧。

 ## 飞行模拟器 1.0 时代：一战时期机械式训练器

纵观人类飞行史，处于航空业发展之初的航空先驱们在没有完整飞行理论和充分飞行数据支持的情况下，依靠简陋的机械装置在地面上、山坡上尝试跳跃、离地、滞空等一系列动作。这些对飞行操作和飞行理论的探索伴随着难以估计的风险，很多航空先驱都因此付出了鲜血乃至生命的代价。

"桑德斯教师"

为了确保训练的安全性，研究者把目光聚焦到可以固定在地面、模仿飞机空中运动的飞行训练器具上。

有记载的第一台飞行模拟器诞生于1910年，英国军官阿诺德·桑德斯（Arnold Sanders）把自己设计的飞机机身通过万向支架安装在地面基座上，依靠自然风模拟在空中飞行的情景，这个装置叫作"桑德斯教师"。它只能依靠风力运行，存在设计缺陷。"桑德斯教师"的出现揭开了模拟飞行器研发的帷幕。

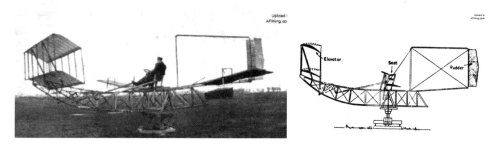

"桑德斯教师"

"桶式训练器"

1909年，法国安托瓦内特（Antoinett）公司与法国陆军合作成立了一所飞行学校，专门为军方培养飞行员来驾驶该公司制造的单翼机。针对地面模拟器训练部分，为了摆脱对自然风的依赖，安托瓦内特公司研制出一种靠人力运动的训练器。这种训练器由两个剖开的空木桶组成，桶内是活动的万向节，外部再装上支架和杠杆，前面竖起的T形杆则是学员保持水平位置的参照物。在训练中，需要由两个教员推动模拟器，通过杠杆上下左右晃动支架模拟气流对飞行的影响作用来模拟飞机的俯仰和滚动，而坐在桶上方的学员要参考T形杆位置，相应转动两边的操纵轮来克服外力的干扰，同时依靠双脚控制"舵面"来调整方向模拟空中飞行操纵。"桶式训练器"虽摆脱了对自然风的依赖，但它不能对学员的操作产生准确的反应。

"桶式训练器"

伴随着第一次世界大战的爆发，各国空军开始重视飞行员的模拟机训练环节及飞行员心理素质的选拔，为此研发了许多设备来测试和淘汰在生理和心理上不符合飞行要求的人员，继而强化合格飞行员的身体素质。比如：研发用于测量飞行员校正扰动应激时间的装置，它由可以模拟滚转的机身和用来记录飞行员应激时间的电子记录装置组成；研发使用机械或电动构造的飞行训练器，从而不再依赖"桶式训练器"中的操作员，它可以记录飞行员的操作，将机身真正动起来，模拟真实飞机的飞行姿态。在训练中，教练员会对飞行员进行干扰，模拟实际飞行中气流对飞机的影响，同时还会向飞行员提出关于飞行控制的问题，提升飞行员的注意力分配广度，提高飞行员决策水平。

布莱里奥"企鹅"教练机

法国空军在飞行训练中将布莱里奥单翼机的机翼截短了，作为训练机来训练飞行员，即"企鹅"教练机。这种飞行训练要求飞行员可以操纵飞机保持直线行驶一段距离即可。

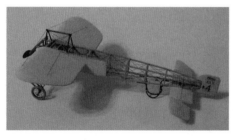

布莱里奥"企鹅"教练机

除了驾机技术外，各国还普遍使用地面器械训练飞行人员的其他技能。比如，为了保证飞行员在空战中可以更有效地击落敌机，设计的训练科目有在活动的机枪座内射击固定或移动的标靶，结合地形图让乘员在相对运动的状态下学习寻找导航地标等，这些在 2006 年上映的电影《空战英豪（Fly boys）》中有非常详细的描述。

"精卫一号"充电站

一战时期的空军飞行员是如何培养的呢？以下是一位 1917 年在法国受训的美国志愿兵（小 P）的经历。

小 P 参加飞行训练的第一阶段是试飞"企鹅"教练机，训练内容是在地面上保持直线行进，以熟悉操作流程并能保持稳定的行进方向。

第二阶段，训练机型不再是"企鹅"教练机，而是换成具备更好引擎和完整机翼的飞机。训练要点是在离地前保持直线行进，让飞行员熟悉飞机并练习如何更好地控制油门。之后的训练中，教员会选择不平整道面让飞行员练习地面滑跑和起飞操纵，让飞行员感受飞机在地面的颠簸。

第三阶段是体验飞行，飞行高度为 30 米，熟练之后进入转

场飞行，飞行员须完成复杂操纵。当飞行员的飞行时间累计达
47 小时时，就可以获得飞行执照了。

　　第四阶段是空战训练阶段，飞行员要使用前线作战的战斗
机进行飞行训练并完成 17 小时的空战演习，即可参与前线作战。

　　飞行小时数总计：64 小时。

 飞行模拟器 2.0 时代：蓝盒子"林克机"

　　一战结束后，大量军用飞机失去作战作用，被低价抛售，引发民
众学习飞行驾驶技术的热潮。一个名叫艾德温·林克（Edwin Link）
的美国人瞅准商机，自行设计并制造出了一台机械气动式飞行模拟器。

　　这台模拟器不仅能演示操纵机构对模拟飞机姿态的影响，还可以训
练飞行员的协调能力。由于它的机身是蓝色的，因此又被叫作"蓝盒子"。

艾德温·林克（1904—1981）和他的蓝盒子"林克机"

　　"林克机"分为三部分：底座、机身和教练员办公桌。它的箱式
底座内装有多个管风琴的风箱和电动气泵，上面架着粗短的木制机身，
机身上安装了短机翼和垂直尾翼，使用者坐在敞开的座舱内，通过操

作身体前方的操纵杆和脚下的脚舵控制气动阀门。机身被安装在一个万向节上，通过控制不同位置的风箱充气膨胀或排气收缩使万向节带动机身做出倾斜、俯仰和转弯运动。

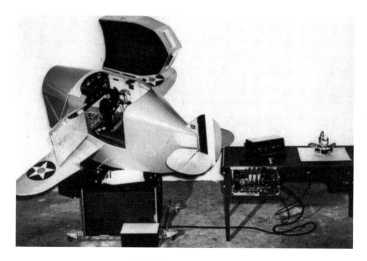

"林克机"问世

最初的"林克机"座舱里没有安装飞行仪表。林克把这种"蓝盒子"定义为"一种有效的航空训练辅助设备，也是一种新奇有益的娱乐装置"。这款模拟器还曾被安装了投币口，让孩子们体验飞行的感觉，像不像我们日常生活中给孩子玩的摇摇车？

1930 年，林克着手改进设计，在座舱内安装了高度表、空速表、磁罗盘和倾斜指示器，并给座舱加上了不透明的罩盖。那时，美国空军经历了一系列飞机空中相撞和坠机事件，深刻认识到模拟飞行训练的重要性，便开始大量购入"林克机"，用于飞行员地面训练。第二次世界大战期间（1931.9.18—1945.9.2），超过 10 000 架林克式地面模拟飞行教练机投入市场。这期间，飞行模拟器取得了较大发展，林克设计的简单机械练习器逐步发展为较复杂的机械电气装置，该装置还能进行粗略计算。

改进后的"林克机"　　　　　使用"林克机"训练飞行员

 飞行模拟器 3.0 时代：电子式训练模拟器

　　粗略的计算并不能满足各国航空部门对飞行人才培养的需要，想要完全模拟真实飞行，飞行模拟器必须体现飞机的气动特性，实现内部系统与外部环境的联系，还需要全程动态分析飞行运动，通过数学建模和算法实现对真实飞行的模拟。这些都是航空业迫切要解决的问题。

　　"林克机"作为早期模拟器中的佼佼者，利用发电机、变压器等电气元件让模拟器"动起来"，使用高度表、空速表、磁罗盘、倾斜指示器等仪表让模拟器"测起来"，但始终没有实现对运动参数、飞行姿态、仪表参数进行实时计算。

　　第二次世界大战的爆发极大地促进了科技的发展，其中电子技术的发展为飞行模拟器提供了更多的可能性。科研中心和航空专家开始致力于将先进的电子技术与飞行模拟进行结合，提高飞行模拟训练的成效。

　　其中，美国人理查德·德梅尔博士（Richard Dehmel，1904—1992 年）做出了杰出的贡献。

理查德·德梅尔和他设计的寇蒂斯－莱特德梅尔飞行模拟机

那时，泛美航空公司正在使用"林克机"对飞行员进行飞行训练。1943年，理查德·德梅尔加入寇蒂斯－莱特公司担任总工程师，参与"林克机"的改进项目。他使用模拟计算机，求解飞行的空气动力学方程，力求使模拟器上的操作杆和脚蹬的输入、仪表的读数与真实飞机一致。此外，通过精确模拟飞机的无线电导航系统，他创造性地实现了通过无线电信号进行精准的仪表飞行训练。通过改良，他设计出了新的飞行训练模拟器——寇蒂斯－莱特德梅尔飞行模拟机，并于1950年申请了发明专利。

这种飞行模拟器联通飞行教员的控制面板进行操作，激活电位器和伺服电机等元件来驱动仪器，实现模拟器的操纵杆、方向舵及仪器做出与真实飞机完全一样的准确响应。

1948年9月，《大众科学》上刊登了一篇介绍飞行模拟器的文章。文中提到："……发动机发出轰鸣声。突然，我听到了飞机轮胎在跑道摩擦发出的声响。飞行员、副驾驶员和飞行工程师通力合作，白衬衫上汗渍斑斑……我们已经飞行了一个多小时，几乎一切都发生了：恶劣天气、机翼结冰、发动机故障、无线电故障等。我们并没有离开地面，却成功完成了飞行。"

使用电子技术的模拟器可以实现通过仪表参数反映飞机实时运动

状态，但是无法模拟飞行员高空飞行中观察外部环境的情景，也无法模拟出飞机在飞行过程中真实的受力情况，这些问题的出现又带来了模拟器研发的另一波思潮。科学家开始研究具有逻辑运算能力的数字电路，以提高计算机的处理精度和可靠性，并开始研究视景模拟系统。

关于视景模拟系统的尝试

1. 活动地图法

人们最早的创想是在地面固定座舱下铺设活动地形图，让飞行学员试着感受外界环境的变化。

2. 环形手绘幕布法

"林克机"在飞行训练中搭配绘有景物的环形幕布，但是这种幕布呈现出来的景观既不真实也不准确。

3. 点光源投影法

点光源投影系统的主要组成部分包括一个体积很小、亮度很高且可以活动的小灯泡（称为点光源），一个按一定比例绘有地面景象的大直径玻璃盘（称为地景盘），以及一块屏幕。

当飞行员操纵模拟器时，通过点光源模拟飞机的运动，光线透过地景盘照射到屏幕上，形成连续运动的景象。

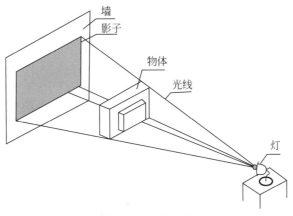

点光源投影法

点光源投影系统的主要优点是视野广阔，结构简单；缺点是模拟误差较大，地景范围小。

4. 电影胶片投影法

预先在标准航线上飞行并用摄影机把实际景象拍成电影，复制洗印好后，通过一个可由飞行员操纵的、装有**光学畸变镜头**的放映机放映出来。

当飞行员操纵模拟器时，若航迹没有偏差，放映出来的图像就是拍摄的标准图像；若航迹有偏差，则通过畸变镜头映出的画面发生畸变，飞行员看到的影像也随之发生畸变。

电影胶片投影系统的优点是体积小，影像的色彩和清晰度都很好，飞机的进场着陆尤为逼真；其最大的缺点是所能模拟的航线范围很窄，因而机动范围很小，使用价值有限。

5. 缩微景观沙盘法

缩微景观沙盘系统的主要组成部分包括一个按比例制作的大型地景模型，可受飞行员操纵的光学探头和摄像机、投影器，以及显示屏幕等。

当飞行员操纵模拟器飞行时，摄像机通过光学探头对地景模型进行摄影，按实景制作的缩微地图或沙盘将光信号变成电信号，再由投影器将电信号变成光信号投影到座舱前的显示屏幕上，使飞行员观看到座舱外的景象。

这种视景系统最大的优点是模拟的景象十分逼真；缺点是结构复杂，体积异常庞大，耗电量惊人，运行费用高昂，维修困难。

经过了多轮尝试之后，专家学者只得将希望寄托于科技的发展，期待早日推出一项新技术能够使飞行模拟器"看得清""动得准"。

缩微景观沙盘法

 飞行模拟器 4.0 时代：数字式训练模拟器

计算机成像技术为飞行模拟器研发带来了福音，基于这项技术研发的计算机成像视景系统大大提高了飞行模拟器视景的清晰度和准确度。

计算机成像视景系统

计算机成像视景的组成部分包括图像处理计算机、图像数据库、图像生成设备、电视投影器及屏幕。

当飞行员在模拟座舱内操纵"飞机"时，其操纵信号经模拟器主计算机计算后，向图像处理计算机输送有关飞行位置、姿态等信息；图像处理计算机再将这些信息进行处理，从图像数据库中取出有关的图像信息，经图像生成设备送给电视投影器形成实时变化的图像，使飞行员从屏幕上观察飞行中的景象。计算机成像视景系统由于是由计算机产生图像的，所以有很大的灵活性以及广泛的模拟能力；借助外部存储数据库可以存储大量不同的景物，比如可以存储多个机场，甚至上百个机场的图像。使用者还可以根据自己的需要增加或修改景象的内容。这种系统还有一个突出优点，就是可以用多个显示器来显示景象，从而大大扩展了视野，使飞行员有全景空间的感觉。这种系统还具有体积小、耗电少、便于维护等优点，目前它已经成为现代飞行模拟器视景系统的主要形式。

20世纪60年代，美国林克公司研发生产了波音727飞行模拟器。看起来是不是比之前的模拟器更加复杂、更加精密了？随着数字电子计算机及微型计算机的飞速发展，飞行模拟器的功能不断增加，座舱设备的模拟精度不断提高，训练效果大大增强。

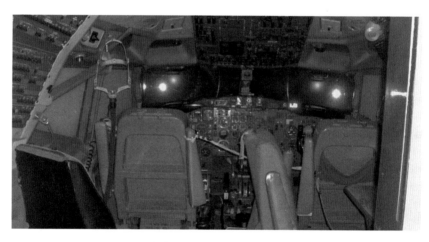

波音 727 飞行模拟器

在科技大发展的时代浪潮下，飞行模拟器"看得清"这一技术问题迎刃而解，下一步就是攻克飞行模拟器"动得准"的难题。

飞行模拟器运动系统

"动得准"其实是对飞行模拟器运动系统提出了更高的要求。

模拟器运动系统是指给操纵人员提供运动感觉的模拟系统。操纵人员可以真实地感受到自己的操作能使"飞机"动了起来，比如感受到推背感。不仅如此，操纵人员还可以感受到自己所操纵的"飞机"正在加速，朝着某一个方向"飞行"。在某种特定情况下，操纵人员也可感知"飞机"在空中的姿态变化，比如飞机在爬升、下降、滚转等。

想要理解飞行模拟器的运动，我们需要首先理解"自由度"的概念。请大家面对墙角站立，找到三个互相垂直的平面，并把两两相交的三条线看作 x、y、z 三个坐标轴。

在研究物体的运动时，我们要注意到一个物体可以沿着 x、y、z 三个轴中任意一个方向前后移动，这样的运动就是**三自由度**。

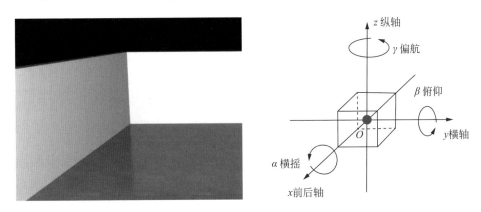

三自由度运动示意图

此外，物体还可以**绕着**这三个轴运动。模拟器绕三个轴转动并沿三个轴平移（即绕 x 轴、y 轴、z 轴转动，沿 x 轴、y 轴、z 轴平移），这样的运动就是**六自由度**。

中国第一台三自由度飞行模拟试验台诞生于清华大学。1959 年，在钟士模教授的主持下，清华大学飞行器自动控制教研组研究了许多控制理论，解决了各种技术难题，成功研制出了我国第一台三自由度飞行模拟实验台，这对于研究飞机的稳定飞行、导弹和鱼雷的精准射击具有重要的意义。

钟士模教授团队研发的三自由度飞行模拟试验台

 ## 飞行模拟器 5.0 时代：计算机时代全动飞行模拟器

随着高性能数字计算机的出现，各航空大国在飞行员训练中使用了计算机技术，模拟器全动时代到来了。

全动飞行模拟器由模拟座舱、运动系统、视景系统、计算机系统、教员控制台五大部分组成。在模拟座舱中，座舱设备和控制系统完备；视景系统使用计算机成像方式；运动系统也实现了六自由度；多功能的教员台可供教员设置初始飞行条件，随时调整参数及插入故障，并监控、评估学员操作情况。

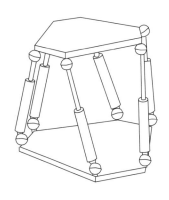

Stewart 机构

1965 年，美国人 D. Stewart 提出将并联的六自由度机构用于飞行模拟器六自由度运动平台模型，因此这种由上、下平台和 6 根驱动杆组成的并联机构也被称为"Stewart 机构"。由于它具有重载能力强、响应速度快、模拟精度高、环境适应能力强、模块化强等优点，因此很快被应用于飞行模拟器。

现在我们看到的全动飞行模拟器，其运动系统具有六个自由度。

下面我们来仔细观察一下这架波音 787 飞行模拟器。它的六条"腿"称为作动筒，通过作动筒的协同运动驱动平台发生运动，使座舱模拟出飞机的运动变化情况，完成升降、俯仰、转向、偏航等动作，飞行员可以直观感受到飞机的姿态变化。整体座舱由灵活的运动平台支撑，可进行上下、左右、前后、俯仰、倾斜、偏转等较大行程的六自由度运动。这台波音 787 飞行模拟器反应灵敏而且精度很高，不仅能反映正常的姿态变化，还能模拟出失速抖颤和发动机喘振的逼真效果。

波音 787 飞行模拟器

经历了机械式、电子式和数字式三个阶段的发展，现代飞行模拟器集计算机、机械、电气、电子、自动控制、液压、光学等技术于一身，是非常复杂、精密的高科技设备。

"精卫一号"充电站

2021年9月28日至10月3日，第十三届中国国际航空航天博览会在广东珠海成功举办。作为国内模拟训练领域产业化的领军企业、国内第一家高等级模拟器分系统和整机供应商，北京摩诘创新科技股份有限公司推出了国内首台高端动感模拟系统——14吨六自由度全电运动平台。此前，国内高等级飞行模拟机运动系统全部依赖进口，美国和荷兰研制的14吨全电运动平台占据了主要市场份额。

国内首台高端动感模拟系统

2023年2月，该公司研制的14吨全电运动平台随摩诘AS350飞行模拟机顺利通过民航D级鉴定，成为国内首套达到民航《飞行模拟训练设备管理和运行规则》最高D级标准的飞行模拟机运动系统，成功填补国内空白。

飞行模拟机运动系统的驱动形式分为液压型、气电型、全电型三种。目前全电型运动平台已成为市场主流。相比于液压型和气电型,全电型运动平台优势明显。它具有结构简单、安装维护方便、不漏液漏气、控制精度高、响应快、安全可靠性高等特点。该产品采用了最新的全电驱动方式,应用了高性能电动缸、电磁缓冲、机械缓冲、低压直流驱动、独立安全控制回路、洗出算法等关键技术,具有自主可控、国产化率高、安全可靠等特点,完全满足了高等级飞行模拟机研制和飞行员训练使用的需要。

业内专家表示,作为国内唯一通过民航 D 级鉴定的运动系统,该产品可以大幅提升飞行模拟机国产化水平,为国产大飞机(C919 等)飞行模拟机实现完全自主可控提供有力支撑,为国内外民航用户提供新的选择。①

---

① 打破国外垄断 国内首套 D 级飞行模拟机运动系统发布. 人民网 [2023-03-24]. http://finance.people.com.cn/n1/2023/0324/c1004-32650694. html.

第10章 飞机走进生活

根据民航局发布的《2022年民航行业发展统计公报》数据，截至2022年底，我国共有运输航空公司66家，民航全行业运输飞机期末在册架数4 165架。

相信通过这两个数字，大家可以直观地感受到中国民航70多年来的蓬勃发展。

你知道建国初期我国民航有多少架飞机吗？

你知道目前我国民航发展处于什么水平吗？

你知道我国民航发展史上有哪些令人振奋的瞬间吗？

带着这些问题，让我们共同来回顾中国民航发展波澜壮阔的历程。

中国民航发展分为四个阶段，依次为初创期、调整期、前进期、发展期。

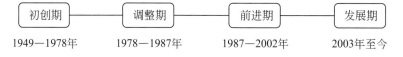

初创期	调整期	前进期	发展期
1949—1978年	1978—1987年	1987—2002年	2003年至今

中国民航发展史简图

1949年11月2日，中共中央政治局会议决定，在人民革命军事委员会下设民用航空局，受空军指导，掀开了我国民航发展初创期的序幕。

10.1 "两航起义"与"八一开航"

在民航发展初创期最重要的两起事件是"**两航起义**"和"**八一开航**"。

"两航起义"

"两航"是对原中国航空股份有限公司（简称"中国航空公司"或"中航"）与中央航空运输股份有限公司（简称"中央航空公司"或"央航"）的统称。

停放在香港启德机场的两航飞机

1949 年 3 月，中共七届二中全会胜利召开。会后，毛泽东主席、朱德总司令发布《向全国进军的命令》，人民解放军渡过长江，解放南京、上海，曾在国民党军事运输中发挥重大作用的"两航"陆续迁离，航线急剧萎缩。

1949 年 6 月，中共中央军委副主席周恩来根据国内时局的变化和"两航"的作用，做出策动两航起义的决策。

1949 年 11 月 9 日，中国航空公司总经理刘敬宜、中央航空公司总经理陈卓林率两公司在香港的 2 000 多名员工**通电起义**，中国航空公司 10 架飞机、中央航空公司 2 架飞机陆续从香港启德机场起飞，并于当日分别抵达北京（1 架）和天津（11 架）。

中国航空公司总经理　中央航空公司总经理

刘敬宜　　　　　陈卓林

吕 明　　查夷平　　邓士章　　陈文惠　　吴景岩

刘 陵　　张 振　　徐冯嘉　　郁曾楠　　林正卿

参加"两航起义"的人员名单

"精卫一号"充电站

什么是通电起义呢？

　　20 世纪中期通讯技术落后，信息闭塞，人们获取信息主要是靠报纸，最先进的通讯手段是电报通讯技术。组织或个人发表声明时，一般都会直接把电报发到各大新闻媒体，也就是"通电"。所谓"通电起义"，就是把起义的想法直接公布给了新闻媒体，由新闻媒体发布。

　　1949 年 11 月 12 日，毛泽东主席致电起义人员，肯定了"两航起义"的爱国壮举，电文如下：

中国航空公司刘敬宜总经理，中央航空公司陈卓林总经理，及两公司全体员工同志们：

　　中国航空公司和中央航空公司全体员工在两公司总经理领

导下，毅然脱离国民党反动残余，投入人民祖国怀抱，这是一个有重大意义的爱国举动。特向你们表示祝贺、欢迎和慰问。希望你们团结一致，为建设人民航空事业，并为保卫留在香港的祖国财产而奋斗。

毛泽东

一九四九年十一月十二日

毛泽东主席的贺电

"两航起义"北飞的 12 架飞机及后来由"两航"机务人员修复的国民党遗留在大陆的 16 架飞机（C-46 型 14 架、C-47 型 2 架）构成了新中国民航初期的机群主体。"两航起义"归来的大批技术业务人员，成为新中国民航事业建设中的主要技术业务骨干力量。

 "八一开航"

1950 年上半年，中国民航各地方组织机构已基本健全，军委民航局和各地民航办事处在组织机构、技术力量和物资准备方面均已具备开辟航线的基本条件。

1950 年 8 月 1 日，经中央人民政府政务院批准，按照通航计划，首先开辟了天津—汉口—广州和天津—汉口—重庆两条直达线，史称"八一开航"。

执行首飞任务的两架飞机分别是 XT-139 号和 XT-610 号（"北京"号）。这两架飞机于 1950 年 8 月 1 日当日中午先后降落在汉口机场，飞机所到之处均举行了盛大的庆祝活动。

"八一开航"执行首飞任务的机组合影

XT-139 号飞机是原中国航空公司的 C-47 型飞机，也是"两航起义"北飞的 12 架飞机中的一架。

"北京"号是由毛泽东主席题字的一架美国康维尔 CV-240 型客机，是中国当时最大的飞机。这架飞机原本是中央航空公司的"空中行宫"号，在 1949 年 11 月 9 日"两航起义"当日作为带队机从香港飞回北京。

香港大公报刊登有关新中国民航"八一开航"的新闻

　　中国共产党直接领导的"两航起义"震惊中外、影响深远，不仅使国民党军队失去了在大陆赖以负隅顽抗的空中交通线，加快了全国解放的步伐，而且带动了香港地区原国民党资源委员会等 27 个单位相继加入通电起义。"两航起义"中归国的人员和装备，为新中国民航事业的创建发展奠定了基础，做出了不可磨灭的贡献。①

　　20 世纪 50 年代末，我国陆续开辟了通往苏联、缅甸、越南、蒙古、朝鲜等周边国家的国际短程航线。随后国际形势发生重大变化，为我国民航发展国际通航创造了有利条件。1974 年，我国民航连续开辟了

---

① 尚伟，周云．"两航起义"：一个有重大意义的爱国举动．学习时报（2021 年 04 月 19 日），5 版．

北京—莫斯科、北京—上海—大阪—东京、北京—卡拉奇—巴黎、北京—德黑兰—布加勒斯特—地拉那 4 条远程国际航线。

改革开放 40 多年来，我国民航发展突飞猛进。从 2005 年起，我国民航运输量稳居世界第二位，成为名副其实的航空大国。

10.2　中国商飞 C919 一飞冲天

C919 成功首飞

C919 大型客机是我国首次按照国际通行适航标准自行研制、具有自主知识产权的喷气式干线客机，于 2007 年立项，2017 年成功首飞。C919 大型客机研制成功，获得型号合格证，标志着我国具备自主研制世界一流大型客机能力，是我国大飞机事业发展的重要里程碑。

中国商飞 C919（COMAC C919）中的 C 是 China 的首字母，也是中国商飞（全称为中国商用飞机有限责任公司）英文缩写 COMAC 的首字母，第一个"9"的寓意是天长地久，"19"代表的是最大载客量为 190 座。

C919 大型客机于 2022 年 9 月完成全部适航审定工作后获中国民用航空局颁发的型号合格证，2022 年底已交付首架飞机，2023 年 5 月 28 日开启首次商业载客飞行。

10.3　波音与空客的博弈

我国自主研发的 C919 对标的是波音 B737 和空客 A320 系列机型。你有没有发现一个有趣的现象？空客飞机是用 A 开头的，波音飞机是用 B 开头的，而我国的大飞机 C919 是以字母 C 开头的。

BOEING 波音公司

波音公司的创始人名叫威廉·爱德华·波音（William Edward Boeing），德裔美国飞机设计师和航空企业家，出生于美国阿拉巴马州的底特律，毕业于耶鲁大学。

波音酷爱机械，对飞行和飞机充满兴趣。1915 年，波音开始创业，设计并制造飞机，后将公司改名为波音公司。

威廉·爱德华·波音
（1881.10.1—1956.9.28）

波音公司出品的主要机型有波音 40、波音 80、波音 211、波音 314、波音 247、波音 307、波音 377、波音 707、波音 717、波音 727、波音 737、波音 747、波音 757、波音 767、波音 777、波音 787 客机。

随着科技的创新和产品的迭代，很多机型已经退出历史舞台了。下面为大家介绍目前依旧在天空中翱翔的两款机型——B737、B787。

波音家族经典机型之 B737

波音 737 系列飞机是美国波音公司生产的一种中短程双发喷气式客机，自研发 50 年以来销路经久不衰，成为民航历史上最成功的窄体客机（机身宽度小于 4.72 米）系列之一。

四代家族

波音 737 系列飞机一共有四代。

第一代波音 737 的型号有 737-100/200。1967 年，波音 737-100 首飞。这一代机型目前已全部停产。

波音 737-200

第二代波音 737 也称 737CL，型号有 737-300/400/500，采用 CFM56-3 系列高涵道比涡扇发动机，比之前更省油、更安静，并增加了载客量。波音 737-300 于 1984 年首飞。这一代机型目前已全部停产。

波音 737-300

第三代波音 737 也称 737NG，型号有 737-600/700/800/900。20 世纪 90 年代，为了和空客 320 竞争，波音公司为 737 重新设计了机翼，并更新了驾驶设备。

波音 737-800

第四代波音 737 就是大家熟知 737 MAX。型号有 737 MAX 7/ 8/ 9/10/ 200，配备最新款 LEAP-1B 发动机。2016 年，首架 737MAX 完成首飞。

波音 737 MAX

波音家族经典机型之 B787

波音 787 是航空史上首架**超远程中型**客机，于 2009 年 12 月 15 日面市。

B787 的驾驶舱里有两块很有趣的显示器立在飞行员的面前，像两片大大的镜片一样，它的名字是"平视显示器"。其作用是让机长与副驾驶在飞行中更多地了解"驾驶舱外的情况"。无论能见度好坏，平视显示器都能有助于增强飞行所有阶段的安全性。

波音 787 驾驶舱内景

"精卫一号"充电站

按飞机航程远近划分，飞机有远程、中程、近程之别，其中：远程飞机航程为 11 000 千米左右，可以完成中途不着陆的洲际跨洋飞行；中程飞机航程为 3 000 千米左右；近程飞机航程一般小于 1 000 千米。

近程飞机一般用于支线，因此又称**支线飞机**；中、远程飞机一般用于国内干线和国际航线，又称**干线飞机**。

我国民航总局是采用按飞机客座数划分**大、中、小**型飞机，飞机的客座数在 100 座以下的为小型，100~200 座之间为中型，200 座以上为大型。对于 B787 而言，它的体型小于 B777、B747、A380（空客 380）这样的巨无霸，所以是"中型客机"。

⑤ *AIRBUS* 空客公司

　　空中客车公司（Airbus，又称空客、空中巴士）是欧洲一家飞机制造、研发公司，1970 年 12 月成立于法国。

　　空客公司出品的系列机型主要有 A220、A300、A310、A320、A330、A340、A350 和 A380。其中，A220 系列和 A320 系列是单通道窄体客机，其余为宽体客机。目前，A300、A310、A340、A380 均已停产。

　　A320 系列包括 A318、A319、A320 和 A321，为单通道双发中短程 150 ～ 240 座级客机，自 1988 年 4 月投入运营以来，迅速在中短程航线上设立了舒适性和经济性的行业标准，成为民航历史上最受欢迎的窄体客机之一。A320 系列机的成功奠定了空客公司在民航客机市场中的地位，打破了美国波音公司垄断客机市场的局面。

　　A320 机型对标 B737 机型。下面这幅图中，哪一架是 B737？哪一架是 A320？

　　细心观察，你会发现这两款机型有很多区别。下面给大家介绍 4 个辨别机型的小妙招。

小妙招 1：机头形状

B737（左）机头上有一个尖鼻子，远远看去像是一个三角锥插在上面。A320（右）机头上有一个圆鼻子，看上去是一个椭圆锥。

波音 B737 和空客 A320 的机头形状

小妙招 2：挡风玻璃形状

B737（左）最外侧的挡风玻璃底部是一个"V"字形，正前方的挡风玻璃为四边形。A320（右）驾驶舱挡风玻璃底边是平的，侧面的挡风玻璃呈现五边形。

波音 B737 和空客 A320 的挡风玻璃形状

小妙招 3：飞机顶部天线位置

B737（左上）的天线位于机身中段上方，A320（右下）的天线位于驾驶舱上方。

波音 B737 和空客 A320 的顶部天线位置

小妙招 4：发动机

B737（左）是个"小短腿"，它的起落架相较于 A320 比较短，因此它的发动机进气口下侧是扁平的，有效避免了发动机擦地的风险；而 A320（右）是个"高个子"，不需要担心发动机擦地，发动机的进气口相对更圆。除了进气口形状不同，发动机的位置也不同：B737 的发动机是挂在机翼前面的，A320 的发动机则完全置于机翼下方。

请认真观察这两款机型，除了以上几点，看看你还能发现什么区别？

我的观察记录

10.4　巨无霸飞机的陨落——安 -225

世界上最大的飞机有多大?

这架由苏联设计制造的安 -225 (乌克兰语: Антонов Ан-225 Мря, 字面意思是"梦想"或"灵感") 飞机长 84 米, 高达 18.2 米, 翼展为 88.40 米; 最大起飞重量 640 吨, 机舱最大载重 250 吨, 机身顶部最大载重 200 吨。

安 -225 运输机

如果把它和波音家族体型最庞大的 747 摆在一起, 那么你将看到下图中这样的画面。

安 -225 和波音 747

不难看出，这架装有6台发动机的巨无霸比波音747体型更大。

安-225的设计初衷是为了运输"暴风雪"号航天飞机。

"暴风雪"号航天飞机长36.4米，高16米，翼展24米，起飞重量105吨，即使处于分解状态，当时已有的运输机也装不下。这个问题让苏联国防部和航空工业部的领导们犯了难，因为按照专家的意见，空运是最佳方式。

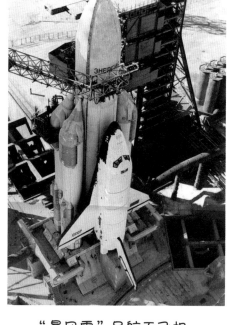

"暴风雪"号航天飞机

于是，苏联国防部找到了**安东诺夫设计局**，向他们征求意见。安东诺夫设计局提出了两种方案：要么将航天飞机整装后固定到机背上，要么将其分解后放到飞机内部的货舱里。第一种方案的关键在于在飞机负重很大的情况下如何保持它的稳定性和操纵性，第二种方案则对飞机的结构提出了相当高的要求。最终，国防部选择了第一种方案。

运载"暴风雪"号航天飞机的安-225

　　安 -225 于 1988 年 12 月 21 日完成首飞，1989 年 5 月第一次完成背负"暴风雪"号航天飞机的任务——飞到巴黎参加航展。20 世纪 80 年代晚期，由于当时苏联的经济已经恶化到不足以支持费用高昂的太空探索计划，因此"暴风雪"号在实际发射成功一次（1988 年 11 月 15 日）之后就被迫中止任务，而专门为了太空计划而设计建造的安 -225 自然失去了存在的意义，原计划制造两架，第二架安 -225 只有部分完工并被封存，之后有过多次重启计划，但都不了了之。因此，真正完成制造并执行了飞行任务的安 -225 运输机仅有一架。

　　2022 年 2 月 24 日，俄罗斯和乌克兰爆发军事冲突。2022 年 2 月 27 日，有媒体报道安 -225 在乌克兰首都基辅附近的戈斯托梅利机场被战火摧毁。2022 年 3 月 4 日，俄罗斯第一频道记者探访安东诺夫机场，现场视频证实安 -225 已经毁于战火。

　　至此，安 -225 彻底退出历史舞台。

安 -225 毁于战火

"精卫一号"充电站

安东诺夫设计局

安东诺夫设计局创建于 1946 年，以其创始人、著名飞机设计家奥列格·康斯坦丁诺维奇·安东诺夫的名字命名，总部位于乌克兰首都基辅西郊，主要负责运输机的研制生产，并以生产世界上最大的运输机安 –225 而闻名于世。

虽然安东诺夫设计局成立时间较晚，但它的发展却很快。20 世纪 40 年代末，成功研制了后来被誉为"飞机寿星"的安 –2 轻型军用运输机。20 世纪 60 年代之后，其主攻方向转到研制中型以上运输机。

苏联解体后，它归属于乌克兰共和国，后更名为"安东诺夫航空科学技术联合体"。

第四站

民航飞行事

 请思考：飞机驾驶舱里的仪表显示的都有哪些飞行数据？飞机的重要组成部分有哪些？

第11章 揭秘飞机

　　航空器包括各种能在空气中飞翔的人造飞行物体，可分为轻于空气的航空器和重于空气的航空器两种。

　　轻于空气的航空器包括气球和飞艇。

　　重于空气的航空器包括滑翔机、风筝、飞机、旋翼机、直升机和扑翼机。

飞艇、滑翔机、飞机、旋翼机

　　飞机指的就是使用动力装置提供动力，利用固定机翼提供升力的重于空气的航空器。

　　小朋友，你知道飞机是由哪些重要部分组成的吗？

11.1 飞机的结构

飞机的主要组成部分包括**机身**、**机翼**、**尾翼**、**动力装置和起落架**。

机身是飞机非常重要的组成部分，负责连接机翼、尾翼、起落架和一些其他重要的部件，使之成为一个完整的整体。除此之外，机身还担负着承载人员、货物、燃油和其他设备的重要作用。

飞机前段机身

机身可以分为驾驶舱区、电子舱区、客舱区以及货舱区。其中，客舱分为单层客舱和双层客舱两种。大家非常熟悉的波音 737 飞机是单层客舱，而空客 380 飞机则是双层客舱。

波音 737 单层客舱

空客 380 双层客舱

走进客舱，抬头望去，座位和过道有序排布。飞机有单通道式和双通道式两种，单通道飞机为窄体机（机身宽度小于 4.72 米），双通道飞机为宽体机（机身宽度**不**小于 4.72 米）。

单通道

双通道

进入驾驶舱内，我们会看见大大小小的开关（俗称电门）、按钮以及颜色各异的指示灯。这些不同颜色的指示灯是为了让飞行员实时掌握飞机的状态。

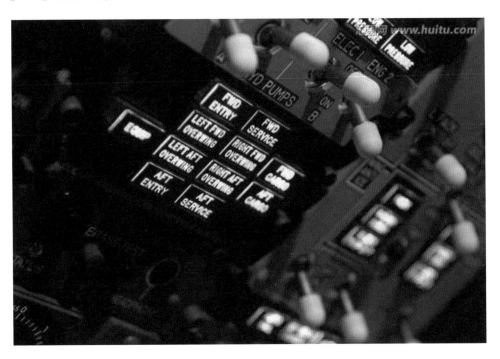
驾驶舱指示灯

传统的飞机驾驶舱中装有很多圆形的机械式表盘。

传统飞机驾驶舱

现代化驾驶舱一般使用液晶显示器，因此也叫玻璃驾驶舱。液晶显示器能帮助飞行员快速、有效地读取到重要数据，提高其情景意识。

现代化飞机驾驶舱

飞机在飞行中有很多机动，比如爬升、降落等都是由飞行员操作驾驶杆（或侧杆）完成。飞行员在操作过程中要参考很多数据，这些数据主要来自仪表。

　　小型飞机驾驶舱内从上到下、从左到右的 6 块主要仪表分别是空速表、姿态指示器、高度表、转弯侧滑仪、航向指示器以及垂直速度表。

小型飞机驾驶舱内的 6 块主要仪表

"精卫一号"充电站

　　空速表与飞机的动压管、静压管连接，测量冲压空气的压力，转换为飞机的指示空速，单位通常为节。空速表上的颜色一般代表飞机的速度范围。一般绿色为安全速度，黄色表示存在危险，红色则代表禁止（严重超速或失速）。

　　姿态指示器显示飞机相对于地平线的姿态。通过观察姿态指示器，飞行员能判断飞机姿态为偏左、偏右及偏上、偏下。

　　高度表连接飞机静压管来测量大气压力，提供飞机高度的信息。高度通常显示的是海平面高度。起飞、降落时，飞行员需要将高度表调整设定为当地的气压表拨定值，飞行时高度表才能显示正确的高度。

垂直速度表连接静压管，测量外界大气压力变化的速率。垂直速度表显示飞机爬升及下降的速度。

航向指示器利用陀螺原理①，显示出飞机机头的磁方位。航向指示器的指示会逐渐产生误差，因此飞行员必须按照磁罗盘的指示校正航向指示器。

转弯侧滑仪是陀螺仪表，指示转弯的方向及飞机转弯的速率，也可显示飞机的转弯是否为协调转弯。

在现代化驾驶舱中，主飞行显示器提供高度、空速、垂直速度、航向、磁罗盘等信息。飞行员能在短时间内迅速得到飞行的重要数据，以便及时对飞机进行正确的操作。

驾驶舱中设有并排放置的两个座位，左侧为机长位，右侧为副驾驶位。油门杆在机长的右手边和副驾驶的左手边，用于控制发动机的燃油流量以产生相应的推力；而操纵杆的位置并不完全固定，波音系列一般将其放在机长和副驾驶的正前方，空客系列则多采用侧杆设计，分别位于机长的左手边和副驾驶的右手边。飞行中，飞行员通过对操纵杆的前后左右操作可以完成飞机的俯仰以及滚转。方向舵踏板（又称脚蹬）位于机长、副驾驶座位前方，仪表盘的正下方。飞行中，飞行员通过控制方向舵踏板来实现飞机的偏航。

---

① 一个旋转的物体的旋转轴在不受外力影响的情况下是不会改变的，这就是陀螺原理。人们根据这个原理设计了陀螺仪。陀螺的这一特性被称为"定轴性"，也就是陀螺的自转轴在惯性空间中所指方向保持不变，始终指向同一个固定的方向。这样利用该原理就可以显示飞机机头的磁方位。又由于陀螺的进动性，航向指示表的指示会逐渐产生误差，因此飞行员必须时时依靠磁罗盘的指示，来校正航向指示表。

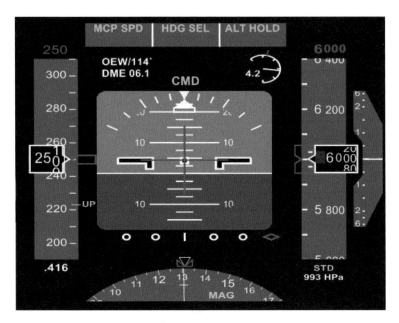

A320 主飞行显示器

飞机的油门杆、操纵杆、方向舵踏板常被统称为"两杆一舵"。还有一种说法是"一杆两舵",指的是飞机的操纵杆和左、右方向舵踏板。

A320 驾驶舱内的侧杆(操纵杆)

在飞机起飞、着陆等阶段,机翼的前缘和后缘会伸展出一些大小不同的可动翼片。这些翼片的作用和名称都不一样。

B737 Max 驾驶舱内的操纵杆、油门杆、方向舵

右图中，位于机翼后缘、靠近机身的可动翼片叫作**襟翼**，其作用是在飞行中增加升力。

有一些可动翼片位于飞机的水平安定面上，叫作**升降舵**，可以通过飞行员在驾驶舱中对操纵盘向下压或向上拉来控制升降舵的向上或是向下偏转，实现飞机的抬头或低头，也就是飞机的**俯仰**机动。

位于飞机的垂直安定面上的可动翼片叫作**方向舵**。

飞行中改变航向时要注意，和汽车转弯不同，飞机不能直

向下偏转的襟翼

接在空中"左转"或"右转"，还需要副翼的帮忙。副翼是安装在机翼后缘、靠近翼稍的两个对称的可动翼片，实现差动偏转。

举个例子，当左侧机翼的副翼向上偏转时，右侧机翼的副翼是向下偏转的，这种差动偏转使副翼可以带动飞机做向左的**滚转**运动，滚转运动配合**偏航**运动，飞机就可以在空中"左转"了。

C919 的尾翼

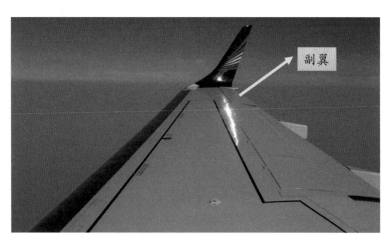

副翼位置

此外，还有一种可动翼片叫作**扰流板**，扰流板有空中扰流板和地面扰流板两种，可以增加飞机前进的阻力，加大飞机机翼上面的受力，使飞行速度降低的同时降低高度。飞机在降落后滑跑的过程中扰流板是打开的，就是为了能够尽可能缩短滑跑距离，让飞机尽快停下来。

向上偏转的扰流板

机翼还有其他作用，如安装油箱，储存燃油，且可以连接起落架或者是发动机。

飞机的尾翼是安装在飞机尾部的一种装置，可以增强飞行的稳定性。尾翼可以用来控制飞机的俯仰、偏航和倾斜以改变其飞行姿态。尾翼是飞行控制系统的重要组成部分。

飞机在地面停放、起飞、降落滑跑阶段，其起落架装置可以支撑飞机的重量，吸收飞机在滑跑过程与跑道产生的撞击能量，方便飞行员控制飞机滑行或滑跑的方向。起落架分为固定式起落架和可收放式起落架。

飞机的动力装置为飞机提供前进的动力，包括发动机和辅助动力装置。对于不同气动布局的飞机而言，发动机的位置也不同。

"精卫一号"充电站

飞机飞行中有三种基本姿态，即俯仰、滚转和偏航。这三种姿态的变化是飞机围绕着三个轴转动：从机头到机尾并穿过重心的轴叫纵轴，绕纵轴的转动称为滚转运动；穿过两侧机翼并穿过重心的轴叫横轴，绕横轴的转动称为俯仰运动；垂直于纵轴与横轴并穿过重心的轴叫立轴，绕立轴的转动称为偏航运动。飞行主操纵系统就是为服务于这三种姿态变化而存在的。

　　飞行员是如何操作飞机进行俯冲、滚转和偏航呢？

　　俯仰——飞行员前推操纵杆（称"顶杆"），飞机尾翼上的升降舵向下偏转，对机尾产生向上的空气动力，形成低头力矩，使飞机低头；飞行员后拉操纵杆（称"带杆"），升降舵向上偏转，对机尾产生向下的空气动力，形成抬头力矩，使飞机抬头。

　　滚转——飞行员向左压驾驶盘（称"压左盘"），飞机左机翼上的副翼向上偏转而产生向下的空气动力，飞机右机翼上的副翼向下偏转而产生向上的空气动力，使飞机向左滚转；飞行员向右压驾驶盘（称"压右盘"），飞机右机翼上的副翼向上偏转而产生向下的空气动力，飞机左机翼上的副翼向下偏转而产生向上的空气动力，使飞机向右滚转。

　　偏航——飞行员前蹬左方向舵踏板（称"蹬左舵"），飞机尾翼上的方向舵向左偏转，对机尾产生向右的空气动力，使飞机机头向左偏；飞行员前蹬右方向舵踏板（称"蹬右舵"），飞机尾翼上的方向舵向右偏，对尾翼产生向右的空气动力，使飞机机头向右偏。

11.2　飞机的分类

　　飞机的分类方式有多种多样。结合飞机机身的不同特征，可以分为为正常式机身和尾撑式 (包括单尾撑和双尾撑) 机身。

苏 -80 一号双尾撑运输机

按照机翼的平面形状，飞机可分为平直翼、三角翼、后掠翼 3 种。

平直翼

三角翼

世界上最大的后掠翼飞机——图 -160 轰炸机

按照机翼的数量，飞机可分为单翼机、双翼机、多翼机3种。

单翼机 **双翼机** **多翼机**

根据飞机机翼的位置，飞机可分为上单翼机、中单翼机、下单翼机3种。

上单翼机 **中单翼机** **下单翼机**

根据飞机尾翼的形式和位置，飞机可分为平尾翼、V形尾翼、垂直尾翼3种。

平尾翼 **V形尾翼** **双垂直尾翼**

按照飞机起飞着陆装置，飞机可分为水上飞机、陆上飞机、水陆两用飞机3种。

水上飞机指的是在海面进行巡逻、反潜、救援以及体育运动的一种特殊用途飞机。

水上飞机

陆上飞机

水陆两用飞机

按照设计形式的不同，水上飞机又可分为浮筒式、船身式。

浮筒式

船身式

按照起落架的不同，陆上飞机又可分为轮式、滑橇式两种。

轮式起落架

滑橇式起落架

不同飞机的起落架布局也有区别。两个主起落架在机身后部，机头下面有一个前轮，这种叫作前三点式起落架；机身尾部有个尾支柱，前方有两个主起落架，飞机的重心在主起落架之后，这种叫作后三点式起落架；在飞机重心的前后各有一个主起落架，并且在左、右机翼下方各有一个支柱，可帮助飞机保持平稳以防发生侧倒或侧滑，这种叫

前三点式起落架

后三点式起落架

自行车式起落架

作自行车式起落架。

前三点式起落架的优点：在地面的滑跑过程中方便飞行员操作方向；飞行员坐在飞机驾驶舱内的视野会非常好；侧风的情况下着陆安全。由于它是一个前三点式设计，故飞机在滑跑过程中制动，不会出现"拿大顶"的危险动作。缺点在于，越障能力相对于后三点式起落架差一些。

按照发动机分类，飞机可分为活塞式发动机、燃气涡轮发动机两种。目前民航客机广泛使用的涡扇发动机，就是燃气涡轮发动机的一种。

从莱特兄弟的"飞行者一号"诞生到第二次世界大战结束之前，绝大多数飞机使用的都是活塞式发动机。活塞式发动机通过带动外部的螺旋桨高速运转，为飞机提供向前的拉力。

之后，飞机就进入了喷气时代。涡喷发动机兴起于20世纪五六十年代，被广泛使用在军用机和民用机上。

活塞式飞机

之后，涡喷发动机被涡扇发动机取代。我国自主研发并已成功交付的 C919 大飞机采用的就是涡扇发动机。

国产 C919 大飞机采用涡扇发动机

涡桨发动机主要是使用在飞行时速在 800 千米以下的公务机、支线飞机以及运输机上。我国自主设计制造并已批量投入航线运营的第一款涡桨支线客机新舟 60（MA60）采用的就是涡桨发动机。

桨扇发动机兴起于 20 世纪 80 年代中后期，它的性能介于涡桨发动机与涡扇发动机之间。

新舟 60 客机（MA60）采用涡桨发动机

涡轮轴发动机产生的巨大轴功率可以带动直升机的旋翼进行旋转。我国航空工业自主研制的第一款武装专用直升机武直 –10 采用的就是涡轮轴发动机。

武直 –10 直升机采用涡轮轴发动机

第12章 揭秘机场

12.1 什么是跑道

俯瞰上海虹桥机场，你会看到除了航站楼、停机坪之外，还有很多条"道路"。让我们把镜头拉近一点看看：这些"道路"的功能不同，名字也不同，图中标注1和2的是上海虹桥机场的两条平行跑道。

上海虹桥机场鸟瞰图

上海虹桥机场跑道布局

下图中绿色部分标注的是北京大兴国际机场的四条跑道，可以看出北京大兴机场采用了"三纵一横"的跑道布局。

大兴机场跑道布局

目前，国内机场跑道数量最多的是上海浦东机场，有 5 条跑道；北京大兴机场有 4 条跑道；北京首都机场和广州白云机场有 3 条跑道。大部分省份的省会机场只有 2 条跑道；大部分非省会机场只有 1 条跑道。

开动脑筋想一想，为什么不同机场的跑道数量不同呢？机场跑道数量是由哪些因素决定的呢？

飞机跑道是机场上长条形的区域，用于起飞或着陆。机场航空运输量的大小直接决定了跑道数量。

2020 年开始的新冠疫情对民航业的冲击很大。我们来看一看疫情到来之前的 2019 年国内旅客吞吐量排名前十的机场情况。

2019 年国内旅客吞吐量排名前十的机场情况

排 名	机 场	吞吐量 / 人次	跑道数量
1	北京首都	10 001.1	3
2	上海浦东	7 615.3	5
3	广州白云	7 338.4	3
4	香港	7 150	2
5	成都双流	5 585.5	2
6	深圳宝安	5 293.1	2

续表

排　名	机　场	吞吐量 / 人次	跑道数量
7	台北桃园	4 868	2
8	昆明长水	4 807.5	2
9	西安咸阳	4 722.0	2
10	上海虹桥	4 563.7	2

下面这幅图是美国芝加哥奥黑尔国际机场的布局图，图中粗体的黑色线条代表着这座机场的跑道。数数看，这座机场里一共有8条跑道，有的是平行分布，有的是交叉分布，有的跑道长一些，有的跑道短一些。

美国芝加哥奥黑尔国际机场的布局图

为什么有些跑道是平行分布的，而有些是交叉分布的？影响跑道分布的因素有哪些呢？

其实，跑道的布局与风向有很大关系。飞机的起降，一般都是迎风起降，如果出现大侧风就会严重影响起降的安全。在其他条件允许的情况下，跑道沿着盛行风向平行分布对起降最有利。在**盛行风向**经常变化的情况下，平行跑道就发挥不出作用了，但如果使用交叉跑道，那么在其中一个方向有侧风时可以换用另一个方向的跑道起降。此外，跑道规划还需要考虑地形、障碍物、空域情况、建设成本等诸多因素，需要分析每个机场的实际情况。

"精卫一号"充电站

> 盛行风向：又称最多风向，是指在一个地区某一时段内出现频数最多的风或风向。通常按日、月、季、年的时段，用统计方法算出相应的盛行风向。

12.2　跑道标识

走近跑道，你会发现各种标志和记号。国际民航组织（ICAO）规定，跑道的标志必须是白色的，这些标志通常包括跑道名称、跑道中心线、跑道入口、着陆点、接地区、跑道边界线等。

我们一起来看一幅跑道的俯瞰图。

跑道上的标志 1

为了更好地理解这些标志的意义，下面我们给这些标志编上号，为大家逐一讲解。

跑道上的标志 2

① 跑道编号：通常用两位数字来标识，相当于跑道的名字，用以识别和区分跑道。通常以跑道的磁航向四舍五入来定义。如果同一机场有一条以上相同平行的跑道，跑道名字后面会增加 R（Right，右）、L（Left，左）、C（Center，中）来加以区分。航向的范围是 0~360，90 代表正东，180 代表正南，因此指向正东的跑道，其编号就是 09，指向正南的跑道，其编号就是 18。

② 跑道中线：标志了跑道的中心线位置。

③ 跑道入口：起飞和降落都需要在进入跑道入口后才能进行，入口后方那个标着黄色折线的区域是不允许起飞和降落的，除非紧急情况才可允许进入。该标识分为左右对称的两部分，可以根据总条数来判断跑道宽度（以下按国际惯例，保留英制单位）：

8 条（每边 4 条）——100 英尺宽；

12 条（每边 6 条）——150 英尺宽（图中的跑道）；

16 条（每边 8 条）——200 英尺宽。

④ 瞄准点：跑道中间的白色实心单体方框被称作为瞄准带点，帮助飞行员在降落的时候更好地控制接地点。

⑤ 接地带：接地带标识是对称分布在跑道中线两侧的白色方框，用以帮助飞行员在落地时识别接地区域。降落的时候应在这个区域接地。

⑥ 跑道边线：代表跑道的边界，用白色实线标识以便与跑道道肩产生对比，让飞行员更容易辨识。边线内的区域为落地区域，飞机落地时必须保证机轮在边线内接地。

12.3 跑道灯光

夜晚的机场是一道美丽的风景。随着跑道的延伸，无数指示灯在沉沉的暮色中散发着颜色各异的光芒。

跑道夜景 1

跑道夜景 2

跑道夜景 3

你知道这些指示灯都代表什么吗？

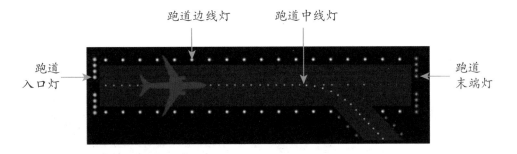

跑道边线灯　　　跑道中线灯

跑道
入口灯

跑道
末端灯

12.4　塔台是做什么用的

机场中高大的塔状建筑叫作塔台。

机场塔台

现在，塔台已经成为机场的一个标志性建筑。塔台的作用是引导飞机进场着陆、指挥飞机在地面上的滑行、引导飞机起飞、管理距机场一定距离范围内的飞行活动等。在塔台里工作的人员是管制员。管制员担当着"空中交警"的角色，通过无线电和飞行员通话，飞行员必须听从空中交通管制员的指挥，按管制员的指令运行。每一架飞机起落的背后，是一道道的精准的管制指令。塔台的顶层一般用玻璃围成。管制员在顶层工作，可以更好地观察飞机的姿态。

确保飞行安全是管制员和飞行员的重要职责，管制员发出的所有指令都要求飞行员复诵，并留心监听。管制员和飞行员在进行陆空通话时，为了保证在有杂音的环境中，能更准确地辨别数字，改动了部分的数字读法。

特殊数字读法对应表：

1——幺（yao）；　2——两；　7——拐；　0——洞。

管制员在塔台工作

试试看，下面这 2 组数字应该怎么读?

（1）10727 _____

（2）12701 _____

在实际工作中，飞行员和管制员也要能使用英语进行流畅的陆空通话，特别是对国际航班。

字母读法

陆空通话中字母的读法

下面我们来看一段陆空通话的内容。

民航班机在出港前需由空管的放行部门给予放行许可，其内容一般包括航空器呼号、许可限制、放行许可跑道、离场程序、航路高度、离场频率、应答机编码等。

陆空通话

飞行员：黄花放行，早上好。南方 2245，机位 225，通波 A 已抄收，申请放行至北京。

管制员：南方 2245，早上好，黄花放行，可以按计划航路放行至北京，使用跑道 18，DAPRO 9W 离场，起始高度 900 米，修正海压 1018，离场频率 126.65，应答机 5032。

飞行员：可以按计划航路放行至北京，使用跑道 18，DAPRO 9W

离场，起始上高 900 米，修正海压 1018，离场频率 126.65，应答机 5032，南方 2245。

管制员：南方 2245，复诵正确，准备好报。

飞行员：准备好报，南方 2245。

飞行员：南方 2245，准备好。

管制员：南方 2245，联系地面 121.75，再见。

飞行员：联系地面 121.75，南方 2245，谢谢指挥，再见。

12.5　风向标

在机场跑道附近，会有一个随风飘起的橙白相间的锥形袋子，被高悬于一定高度的杆顶，称为风向标，也叫作风袋。

机场风向标

风向标的工作原理很简单，有风时会被风带动飘扬，人们可以据此观测风向和风速等。比如，有风时，风吹进袋口，使锥底指示风的去向；布袋方向与水平方向角度越小，表示风速越大。

　　风袋上有橙白相间的条纹设计便于空中飞行员和地面指挥员快速识别，了解风向和风速。

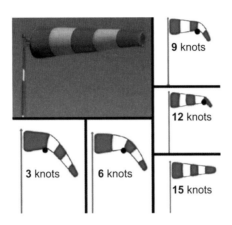

风向标夹角与风速关系示意图

　　注：knots 译为"节"，是专用于航海的速率单位，后延伸至航空领域，用于表示船只或飞机每小时所航行的海里数。1 节等于每小时 1 海里，也就是每小时行驶 1.852 千米。

第13章 走近民航飞行员

13.1 你好，机长

电影《中国机长》于2019年9月30日在国内上映。该影片根据"5·14川航航班备降成都事件"改编，还原了"中国民航英雄机组"成员与119名乘客遭遇极端险情，在万米高空直面强风、低温、座舱释压等多重考验等真实事件。

2018年5月14日，四川航空股份有限公司3U8633航班执行重庆到拉萨的飞行任务，当飞至成都区域巡航阶段时，驾驶舱右座前风挡玻璃破裂脱落，机组从飞行高度9800米开始实施紧急下降，36分钟后飞机于安全备降成都双流机场，所有乘客平安落地，有序下机并得到妥善安置。

2018年6月8日，四川省、中国民用航空局成功处置川航3U8633航班险情表彰大会在成都召开。为表彰先进、弘扬正气，中国民用航空局、四川省人民政府决定授予川航3U8633航班机组"中国民航英雄机组"称号。

刘传健机长在座舱释压的特情①中沉着冷静，表现出扎实的业务水平。因此，他荣获"中国民航英雄机长""最美退役军人"等荣誉称号，并获得全国五一劳动奖章。

---

① 飞机特情指的是飞行中的特殊情况，即突然发生的危及飞行安全的情况，比如异常气流、暴雨、冰雹、结冰、厚云层遮挡视野或飞机自身故障等。

"精卫一号"充电站

释压：

要理解"释压"这个概念，我们需要先理解飞机为什么要**加压**。飞机的飞行高度越高，外界气压就越低，低压会让人产生缺氧反应，长时间的缺氧会造成严重后果。

缺氧症状

高　度	症　状
海平面	正常
1 000 英尺 [①]	头痛、疲劳
1 400 英尺	发困、头痛、视力减弱，肌肉组织相互不协调，指甲发紫，晕厥
18 000 英尺	除上述症状外，记忆力减退，重复同一动作
22 000 英尺	惊厥、虚脱、昏迷、休克
28 000 英尺	5分钟之内立即出现虚脱、昏迷

人在静止状态中身处不同的高度，大脑可以保持足够清醒并能做出准确判断的**有效意识时间**是不同的。所处高度越高，人的有效意识时间就越短。

飞行高度与有效意识时间的关系

飞行高度	有效意识时间	
	安静不动	做中等强度的活动
22 000 英尺	10分钟	5分钟
25 000 英尺	3分钟	2分钟
30 000 英尺	1分15秒	45秒
35 000 英尺	45秒	30秒
40 000 英尺	30秒	18秒

综上，飞机要起飞时，必须要对飞机"加压"，才给飞行员

---

① 1英尺 =30.48厘米。

及乘客提供足够的氧气和舒适的感受。这种"加压"的前提就是飞机处于**密封状态**。而飞机"释压"是指飞机从加压状态到与外界气压值相同的气压变化过程。在电影《中国机长》中描述的场景就是飞机的风挡玻璃破裂导致了客舱失压[①]。飞机一旦"释压",需要尽快恢复加压状态。如果飞机不能恢复加压,飞行员应佩戴**氧气面罩**尽快操纵飞机快速下降到当前地形下的最低安全高度,并同时放下氧气面罩给旅客吸氧。因为这次飞行是高原航线,在青藏高原地区,山的平均高度是 6 000 米左右,所以机组在降落的过程中,只能先下降到 6 900 米或者 7 000 米高度。待飞出青藏高原以后,再进一步降至更低高度。飞行高度在 3 000 米或以下时,即使飞机完全释压(飞机内外气压一致),健康人不用吸氧也没有太多不适感。

风挡玻璃:

客机的风挡玻璃具有良好的光学性能,既要为飞行员提供清晰的视野,还须具备除冰、除雾、泄静电、防雨水等多种功能。在万米高空、各种飞行状态下,风挡玻璃还要足够结实,才能承受异物高速撞击和机舱反复增减压力。满足这些要求,一层玻璃能行吗?

驾驶舱前面的风挡玻璃不是只有一层,而是一共有三层。

靠近飞行员的内层风挡玻璃是主要的结构件,它承受飞机内部的压力负载;中间层作为防失效结构,如果内层玻璃破裂,那么中间层可以防止碎片飞溅,同时也承受着一定的结构负载。

[①] 客舱失压是特用于民用航空器,当飞行高度超过 3 000 米时,客机客舱因为空调设备故障/玻璃、机体受损等原因导致客舱内气压降低直至等于客舱外气压并持续的过程。

因此，中间层和内层称为结构层，无论中间层还是内层，都具有承受两倍于飞机最大压差的能力，所以只要有中间或者内层任何一层玻璃在，飞机都是安全的。"5·14"川航航班备降成都事件中，机组人员在飞行高度为 9 800 米时发现风挡玻璃有裂纹，有一个细节是他们用手去触摸就是为了判断出现裂纹的是不是内层风挡玻璃。

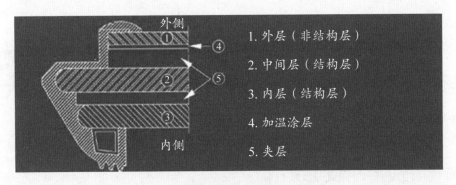

1. 外层（非结构层）
2. 中间层（结构层）
3. 内层（结构层）
4. 加温涂层
5. 夹层

风挡玻璃的构成

外层的风挡玻璃具有坚硬耐磨的刚性表面，不承受结构力，是外来物冲击飞机的第一道防线，且外层风挡玻璃的内侧有加温涂层，主要是起保护作用。飞机在空中飞行时，机外温度会低至零下 60 多度，有加温涂层的风挡玻璃可以有效保持一定的强度和韧性。

最后的调查报告显示，"5·14"川航航班备降成都事件最大的可能原因如下：飞机右风挡封严（气象封严或封严硅胶）破损，风挡内部存在空腔，外部水汽渗入并存留于风挡底部边缘；电源导线被长期浸泡后绝缘性降低，在风挡左下部拐角处出现潮湿环境下的持续电弧放电；电弧产生的局部高温导致双层结构玻璃破裂；风挡玻璃不能承受驾驶舱内外压差而从机身爆裂脱落。

13.2　飞行员"配饰"

民航飞行员分为机长和副驾驶两个等级，但是机长和副驾驶又可细分为好多等级。其中，机长又分为机长、教员、模拟机教员等。

下面带大家认识一下飞行员们的"配饰"。

 肩章

飞行员制服上的肩章可以帮助我们判断机长和副驾驶的身份。机长的肩章上有四条杠，副驾驶的肩章上有三条杠。

有这样一种说法，机长肩章上的四条杠代表了四种不同的意义：

第一条杠代表**专业**；

第二条杠代表**知识**；

第三杠条代表**飞行技术**；

第四杠条代表**责任**。

作为一名机长，必须掌握扎实的飞行理论知识，具备优秀的航空专业素养，拥有精湛的飞行操纵技术，勇于承担飞行安全责任。

 飞行员徽章

徽章是身份和职业的象征。飞行员佩戴在前胸上的徽章代表着民航人的职业精神、荣誉和使命感。徽章一般佩戴在左胸，且不同航空公司徽章的样式不同。

中国国际航空股份公司

中国东方航空集团公司

中国南方航空集团公司

海南航空股份有限公司

四川航空股份有限公司

 墨镜

我们看到很多影视作品中的飞行员都是戴着墨镜的，有人可能会认为他们的墨镜是专门用来耍帅的。其实，飞行员戴墨镜的最大作用是为了抵挡紫外线和刺眼强光，缓解视觉疲劳，保证飞行安全。

在飞行员进入飞机驾驶舱后，驾驶舱内部的光线是比较暗的，而飞行中外界阳光比较刺眼，如果不佩戴墨镜，飞行员睁不开眼睛则会影响飞行安全。此外，在阳光好的日子里，飞机在跑道上滑跑准备起飞，或是降低高度准备降落时，跑道道面的反光也会干扰飞行员的视

线，如果不戴墨镜看到的就是白花花一片，造成飞行的安全隐患。

 飞行箱

在航站楼候机时，我们经常会看到飞行员和乘务员一人拖着一个行李箱快步行走。这个行李箱就是飞行人员的"飞行箱"。那么你知道飞行员的飞行箱里都有什么吗？

机组准备登机

1. 电子飞行包（EFB）

以前飞行员的飞行箱里装着厚厚的纸质资料，包括纸质放行资料、纸质手册、纸质航图等。如果一个机组一天要飞六段（飞机飞行一起一落为一段），那么厚重纸质材料会让机组人员提起来很吃力。

现在这些纸质材料已经被电子飞行包替代了，用一个小小的 iPad 就可以解决。电子飞行包是一种在飞机驾驶舱中向飞行机组提供各种手册、文件、航图、航行通告和气象资料等航行信息的电子设备，为飞行员营造"无纸化驾驶舱"的飞行环境。电子飞行包可用于显示各种航行数据，还可帮助飞行员进行各飞行阶段准备时的计算和检查（如飞机性能数据、油量计算等）。

电子飞行包

2. 证照

证照包括体检合格证、驾驶员执照、空勤登机证等。

民用航空器驾驶员执照明确规定了执证人所能执飞的各种机型、型号等，中国民航飞行经历记录本为飞行员提供了每一次执行航班任务详细、规范的记录。这些记录不仅有助于航空公司随时掌握飞行员的飞行任务、飞行时间、飞行状态等，并且对飞行员养成良好的飞行习惯，树立严谨的飞行作风都起到了积极作用。

飞行员部分执照

3. 反光背心

反光背心一般是飞行员在停机坪加油、绕机检查（确保飞机外表设备完好，无冰、雪、霜等异物，确认飞机状态适合飞行）时穿着的，颜色明亮鲜艳。

4. 手电筒

在紧急情况下，手电筒起到照明作用；在绕机检查时，手电筒也可以帮助飞行员看清楚飞机表面有没有破损。

5. 墨镜

高空紫外线辐射大，墨镜可以保护飞行员的眼睛。飞行过程中，飞行员必须戴上墨镜，以尽快适应机舱内、外光线强度变化，从而保证飞机的飞行安全。

6. 其他物品

机长的飞机箱里还有航图文件、计算飞行数据的计算器、护照等。疫情期间还需携带防疫手套和口罩。除了职业必备品，机长也可以带一些自己的私人物品，如防晒霜、耳机等。

13.3　不平凡的飞行之路

很多人看完了《中国机长》这部电影后，都觉得热血沸腾，对民航飞行员这个职业肃然起敬。做一名机长，肩挑使命，拥抱蓝天漫步云端，成为了很多人的梦想。那么，什么样的人可以成为飞行员？飞行员是如何培养的？带着这些问题，我们一同踏上"不平凡的飞行之路"，走进飞行员的生活。

 我想学飞行，我能去学吗?

目前我国民航飞行员的成长途径主要是养成生、大改驾、军转民、自费生四种。其中，养成生一般指定向招生，即高考前通过了飞行院校的体检面试，高考成绩达到了录取分数线，进入"飞行技术"专业学习，满足毕业要求后进入航空公司成为一名飞行员；大改驾是指大学本科生通过航空公司的招飞面试和体检，被航空公司送入飞行院校的"飞行技术"专业定向培养，满足毕业要求后进入航空公司成为一名飞行员；军转民是指从军队转入民航（民用航空）的成熟飞行员；自费生是由本人承担学习飞行驾驶技术费用的飞行学员。

下面以养成生为例，带大家了解飞行员的培养流程。

目前我国养成生培养采用"订单"模式，即每年航空公司确定招飞数量、协同高等院校共同招生，各高校代为培养，学生入学后与航空公司签订协议，毕业后进入委培航空公司承担航线运输工作。学生进入航校开展飞行整体大纲训练，中国民用航空局就会颁发学生驾驶员执照。

民航招飞是指普通高校飞行技术专业（本科）通过高考招收飞行学生。其流程包括报名、面试和初检、正式体检、背景调查、高考、录取、入校复检7个环节。

1. 报名

养成生招飞工作正式启动后，高三学生和家长可以通过各种正式途径(民航招飞信息系统相关招飞通知、各民航高校网站或微信公众

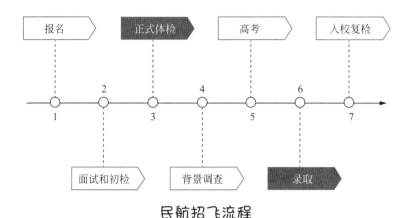

民航招飞流程

号招飞通知、航空公司网站或微信公众号养成生招飞通知、省市教育局的招飞通知、学校转发的招飞通知等），根据通知要求进行网上报名或现场报名。报名时请重点关注招生要求，主要包括性别、出生日期、身高、体重等。

2. 面试和初检

参加养成生报名的学生将陆续接到面试和初检的通知，并根据通知要求在指定时间和地点接受面试和初检。养成生面试没有统一要求，各个高校或航空公司根据自身情况进行组织。面试内容包括基本的仪容仪表、精神面貌、简单问答、英语口语、英语笔试、心理测试、文化成绩等。

养成生的初检又称作"初筛"，即对报考考生的视力、色觉、身高、体重等进行大致的筛查，对明显不符合招飞条件的考生直接淘汰，以提高正式招飞体检的效率。这些工作通常是由航空公司或者飞行学校的航医或工作人员来进行，初筛项目的多少取决于航空公司、飞行学校的规定，有些招飞单位的初筛项目还包括血压、心率、病史、皮肤、脊柱、下蹲、腋臭、疤痕、屈光度、身高、体重等。

3. 正式体检

通过面试和初检的高三学生将陆续接到正式体检通知，并根据通知要求在指定时间和指定地点接受身体检查。养成生的正式体检，也就是我们常说的"正式上站体检"，是由航医根据招飞体检标准《民用航空招收飞行学生体格检查鉴定规范（MH/T 7013—2017）》进行体检鉴定，鉴定结论（"合格"或"不合格"）将录入招飞体检系统。

民航养成生招飞正式体检包括内科、外科、耳鼻喉科、眼科和辅助检查，实行单科单项淘汰制，也就是说只要有一项不满足招飞标准，招飞体检即不合格，招飞体检立即终止。养成生招飞体检不合格记录将被终身保存在民航招飞体检信息系统中，对本人之后再次参加招飞体检具有参加意义。

在体检的最后阶段，学生还需要参加航空公司安排的心理测试，有些航空公司还会进行英语测试。

4. 背景调查

招飞上站体检合格的学生，招飞单位会通知其到当地公安机关开具背景调查证明。背景调查的主要对象包括本人、直系亲属、直接抚养人等，直系亲属包括祖父母、外祖父母、父母、兄弟姐妹等。

背景调查工作按照《民用航空背景调查规定》执行。需要提示的是，招飞单位往往会通知招飞正式体检第一天未被淘汰的学生接受背景调查，而这些学生中有一部分由于加项或者辅助检查等原因最终淘汰，因此不能以接受背景调查作为判断招飞体检合格的依据。

5. 高考

完成民航招飞选拔并通过的学生需要参加全国组织的统一高考，

民航飞行员录取属于提前批次。

6. 录取

高考志愿填报须与民航招飞信息系统志愿一致或基本一致，否则无法录取。考生需要达到中国民用航空局发布的飞行技术专业最低录取分数线，各高校按照考生分数由高到低进行录取。

7. 入校复检

被飞行技术专业录取的大一新生在入校第一学期内会接受中国民用航空局统一组织的入校复检。入校复检也是依据招飞体检标准《民用航空招收飞行学生体格检查鉴定规范 (MH/T 7013—2017)》进行。入校复检不合格的学生将不能继续就读飞行技术专业，根据学校有关规定和个人意愿转专业或退学。

 我想学飞行，要去哪里学?

目前，我国民航招飞学校共有 19 所，分别是中国民用航空飞行学院、北京航空航天大学、南京航空航天大学、中国民航大学、滨州学院、沈阳航空航天大学、上海工程技术飞行学院、黑龙江八一农垦大学等。

截至 2022 年 12 月 31 日，我国境内经批准的 CCAR-141 部驾驶员学校共有 35 家，其中 29 家具有航线运输驾驶员（飞机）整体课程培训资质，训练容量 7 115 人，在训学生 6 587 人。

我国境外共有 35 家 CCAR-141 部境外驾驶员学校，其中美国有17 家，欧洲有 3 家，澳大利亚有 11 家，加拿大有 3 家，南非有 1 家，训练容量 5 248 人，在训学生 449 人。

我想学飞行，要怎么学？

　　飞行技术专业培养的应用型人才要求如下：具有人文素养、社会责任感，能够在航空运输实践中发扬崇尚劳动、无私奉献的精神，理解并遵守民航职业道德和规范，树立"航空报国"志向；具有国际视野，具备较强的团队协作能力和决断处置能力；具有扎实的飞行规章、飞行原理、飞行操纵、运行管理等专业知识；具备熟练的飞机驾驶技术和飞行运行管理能力，且符合国际民航航线运输机驾驶员执照标准；能够在航空公司从事航线运输和运行管理等方面的工作。

　　飞行课程分为地面理论课程、飞行训练两部分。国内培养飞行员的部分高校具备同时为学生提供地面理论课程教学和飞行训练的环境，其所培养的飞行员可以在大学毕业时拿到学位证书和飞行执照。对于不具备飞行训练环境的培养飞行员的高校而言，飞行专业学生会参加符合 CCAR-141 部① 的国内外航校的面试，面试通过的学生到航校完成飞行训练，取得飞行执照。

　　地面理论课程包括空气动力学、飞行力学、飞行性能与计划、航空概论、航空活塞式发动机、飞行原理、人因工程、机组资源管理、航行情报学、空中交通管理基础、飞行专业英语、陆空通话、航空气象、空中领航、杰普逊航图、飞行控制系统、签派程序与方法、飞机结构与系统等。

---

① CCAR 是 China Civil Aviation Regulations 的简称，即中国民航规章的缩写。目前，中国民航管理的航空公司和其他航空企业全部按照 CCAR 的要求来建立和健全各自的管理体系。CCAR 共有上百部，其中第 141 部是《航空器驾驶员执照学校合格审定规则》。该规章主要用于规范飞行执照培训学校的合格审定和管理工作，类似于交通运输部颁发的《机动车驾驶员培训管理规定》。

如果需要到飞行学校完成飞行训练，则必须要通过该校的面试。

飞行员的英语水平应满足飞行国际航班通话的需要，因此面试语言大多为英语，主要考查日常英语表达，包括个人介绍、为什么要当飞行员以及飞行技专业知识。面试形式包括机试、笔试、口试等。

你是不是很好奇飞行训练会使用哪些机型？会不会是我们经常在天空中看到的大型客机呢？下面就让"精卫一号"带大家去飞行学校，看看用于飞行训练的飞机是什么样子的。

飞行学员在飞行学校学习期间须顺次考取私用驾驶员执照（简称"私照"）、商用飞行驾驶执照（简称"商照"）、仪表等级（简称"仪表"），因此飞行学校的飞行训练中包括了私照训练、商照训练、仪表训练三个不同阶段的训练科目。各项训练要求不尽相同，因此每一项训练的机型也不一样。以私照阶段为例，常见的训练机型有 Cessna172、DA40 等。

训练机型 Cessna172

下面我们近距离观察一下 DA40 这款训练机。

训练机型 DA40

打开舱门，进入驾驶舱，让我们来看看飞行员面前的驾驶舱仪表板上都有什么？

DA40 驾驶舱仪表板

主飞行显示器可显示空速表、姿态仪、高度表、水平位置指示器、垂直速度表、侧滑仪等参数。通过观察仪表，飞行员可以了解飞机的速度、高度、航向、姿态等重要参数。

"精卫一号"充电站

小朋友们，有没有兴趣了解一下飞行员的面试题目？

1. Please introduce yourself to us.
    请向我们介绍你自己。

2. Why do you want to be a pilot?
    你为什么想做一名飞行员？

3. What makes a qualified pilot?
    飞行员应具备哪些资质？

通过了飞行学校的面试，就可以去飞行学校参加飞行训练了。

飞行学校中的飞行训练的目的是让学生掌握飞行技术，并考取飞行执照。在这个过程中，飞行学员需要完成执照理论考试以及飞行实操。

私照		商照		仪表		航线	
航空规章	30%	航空规章	20%	航空规章	25%	航空规章	20%
飞行前准备	6%	飞机一般知识	15%	飞机一般知识	10%	飞机一般知识	10%
气象学	12%	飞行性能计划与		飞行计划	15%	飞行性能计划与	
空气动力学基础和		载重平衡	12%	人的行为能力	10%	载重平衡	20%
飞行原理	22%	人的行为能力	6%	气象	10%	人的行为能力	5%
领航	6%	气象	10%	领航与导航	15%	气象	8%
航空器运行	6%	领航与导航	12%	操作程序	10%	领航	6%
重量和平衡	3%	操作程序	7%	通信	5%	操作程序	19%
性能图表	3%	飞行原理	15%			飞行原理	10%
人的因素	6%	通信	3%			无线电通信	2%
无线电通信							
程序	6%						
120分钟/100道/80分		120分钟/100道/80分		120分钟/80道/80分		150分钟/70道/70分	

飞行学校训练科目

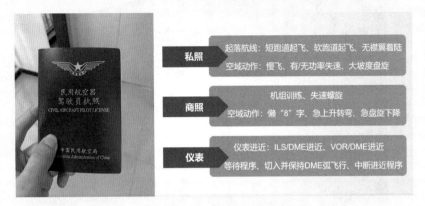

飞行员执照考试内容

 首次单飞后的泼水仪式

在飞行圈有一个流行词——Solo。

我们去看乐团的表演，里面有小提琴 Solo，也就是小提琴独奏。那么飞行中的 Solo 是什么意思呢？

在飞行领域，这个词的意思是"单飞"，也就是可以"单独驾驶飞机"。First Solo 就是指飞行员第一次单独驾驶飞机飞行。对于每一位飞行员而言，第一次单飞都是他 / 她飞行生涯的里程碑。

单飞只是飞行旅程的第一步，在飞行学员独立驾驶飞机飞行之后，飞行学员还要"过五关、斩六将"，也就是驾驶不同机型完成不同飞行阶段的飞行训练，并考取相应的飞行执照。

飞行学员单飞完毕后有一个特别的"泼水仪式"。这种仪式源于欧洲，每位首次完成单飞的飞行员都将被泼水以示庆贺。这种仪式的意义在于让每一位飞行员牢记自己肩上的责任，时刻保持冷静，对生命负责。

首次单飞后的泼水仪式

13.4 飞行执照长啥样

飞行学员每完成一个训练阶段，通过理论考试和飞行考核，就会取得该阶段的飞行执照。

飞行执照的全称是民用航空器驾驶员执照。根据中国民用航空局颁布的 CCAR-61-R4《民用航空器驾驶员、飞行教员和地面教员审定规则》（第 4 版）的最新规定，我国飞行员执照共分**六类**，包括学生驾驶员执照、运动驾驶员执照、私用驾驶员执照、商用驾驶员执照、航线运输驾驶员执照以及多人制机组驾驶员执照。

| 商用驾驶员执照 | 学生驾驶员执照 | 运动类驾驶员执照 |
| 私人驾驶员执照 | 多人制机组驾驶员执照 | 航线运输驾驶员执照 |

驾驶员执照申请类别

学生驾驶员执照

学生进入航校开展飞行整体大纲训练，即可获颁发学生驾驶员执照。

运动类驾驶员执照

运动类驾驶员执照是飞行爱好者入门级的执照。获得运动驾驶员执照后，即可进行个人娱乐飞行。

私用驾驶员执照

私用驾驶员执照持有人可以自己驾驶飞机，也可以搭载家人和朋友一起出行，享受飞行乐趣，但不能入职航空公司做职业飞行员，也不能从事任何以获取报酬为目的的飞行活动。

商用驾驶员执照

取得商用驾驶员执照是飞行员职业道路的开始。商用驾驶员执照持有人可以以获取报酬为目的在经营性航空器上担任机长或在客运飞机上担任副驾驶。

航线运输驾驶员执照

航线运输驾驶员可以在公共航空运输领域的航空器上担任机长或副驾驶。

多人制机组驾驶员执照

多人制机组驾驶员执照的考取适合学员从零基础开始，考取后可担任航线副驾驶。该类执照的考取无须按照私用驾驶员执照、仪表等级、商用驾驶员执照的步骤逐一完成，而是把这些内容整合为一体进行学习，总体来说缩短了培训时间，可以为航空公司更高效地培养飞行员。

根据中国民用航空局云执照①桌面系统中的统计数据，截至2022年12月31日，中国民用航空局颁发的有效民用航空器驾驶员执照总数为81 430本②，其中运动类驾驶员执照1 934本，私用驾驶员执照5 211本，商用驾驶员执照45 895本，航线运输驾驶员执照28 214本，多人制机组驾驶员执照176本。

13.5 如何成为一名机长

民航飞行员的职业发展可以简单分为副驾驶、机长、教员等阶段。根据航司的不同规定，每个阶段具体有多少等级也不尽相同。

一般来说副驾驶分为第一副驾驶（简称"一副"）、第二副驾驶（简称"二副"）。接下来，副驾驶可以晋升为机长，机长可以晋升为教员。教员又分为航线飞行教员、模拟机飞行教员和本场飞行教员。晋升的主要考察因素有执飞时间、身体素质、技术能力等。

一般来说，民航客机飞行机组主要有两人制机组和三人制机组。以三人制机组为例，一套机组中有机长、一副、二副，其中机长坐在左座，一副坐在右座，二副坐在后面。

飞行学员从航校毕业后进入航空公司，还要进行改装、本场、转场等训练，取得大飞机飞行资质，获得参与正式航班运行的资格。

一名从航校毕业的学员进入航空公司后成为跟机观察员，就要先飞不超过200小时的实习期。跟机观察员进入驾驶舱的主要任务是观察、学习，也可以监督，虽然没有处置权，但也是处置问题的重要参

---

① 云执照是一款专为飞行员提供的电子执照软件，由中国民用航空局飞行标准职能部门制作、核发并载有航空器驾驶员注册和签注信息。

② 此处没有统计学生驾驶员执照。学生在航校进行飞行训练之前，应按照《民用航空器驾驶员和地面教员合格审定规则》（CCAR-61-R4）的规定，申请学生驾驶员执照。未持有学生驾驶员执照的飞行学生不得参加飞行训练。

与者。

跟机观察员考察合格后，才能成为副驾驶。一般来说，对于窄体飞机（如波音737、空客320）而言，副驾驶飞满2 700小时，通过层层晋级后，还要接受航空公司、中国民航总局代表的联合考核，考核之后由航空公司决定他/她能否成为机长。

多数情况下，飞行员从进入航空公司到成为机长需要5~7年的时间。

 民航机组的工作内容包括哪些？

1. 飞行前

在正式飞行前的12~48小时，机长的准备工作就开始了。

首先，机长需要完成网上准备工作，熟悉机场进、离场特点，熟悉近期公司的通知公告，阅读机场细则等。

起飞前，机长需要在调度室召开飞行简报会，与机组人员讨论航班是否有特殊事项需要注意，如研究天气、油耗等。

最后，机组人员在放行大厅集合，然后一起乘坐大巴，直接去飞机底部。在大巴上，机长还会和乘务员举行简报会，内容包括飞行时间和不稳定气流的预报。机长在绕机检查时会对飞机进行必要的检查，若未经检查则飞机不得起飞。

2. 飞行中

乘客登机后，在客舱内可以听到机长广播，而此时飞行员会抄收机场的天气情报、机场状况信息，并确定离场使用哪条跑道和制定离场飞行方式，为飞机的开车滑行起飞做准备。乘客上齐后，飞行员向塔台申请指令，准备起飞。面对突发情况，飞行员需要在复杂的情况下，保持冷静的头脑，准确判断、正确处理、识别和管理风险和隐患，尽量避免飞机进入紧急状态。

登机广播

经过所有检查，飞机才能放行，乘客会陆续登机。然后是机长的登机广播，大家在机舱里经常听到。当听到空中交通管制塔批准启动发动机时，机长可以启动飞机发动机，驶入预定跑道，然后滑行、起飞。

飞行操作及自动驾驶

飞行过程中，飞行员并不是单纯的飞机操纵者，他们更多的是在管理这架飞机。在自动驾驶过程中，飞行员要进行各种仪表监控，时刻监控飞机的状态，比如飞机上的油量与计划油量是否匹配。整个航程中要确保和空管中心之间不会失联。当飞行中遇到危险天气或其他意外情况时，要及时和空管中心申请调整航向来进行绕飞。在空管中心会给出调整航向或飞行高度的指令后，飞行员需要及时响应，同时给自动驾驶仪输入相应的指令程序以调整飞机的飞行姿态。

特情处理

为保证民用航空器及其所载人员和财产的安全，机长有权对民用航空器做出处置；运行阶段和紧急情况：在各个运行阶段和紧急情况中，机长应当严格遵守检查单，并确保遵守运行手册中的操作程序。

3. 飞行后

在按照目的地机场空管中心给出的进场方式、落地跑道及下降高度着陆后，飞行员需要处理文件，如记录飞行时间、起飞和着陆时间，以及飞行记录簿中的飞行事件，以便下一次飞行的飞行员可以掌握这架飞机的状态，报告所有已知或怀疑的航空器故障。

写给小朋友的蓝天来信

亲爱的小朋友：

　　当你看到这封信的时候，我们的第一次航空科普旅行已经顺利来到了终点。

　　再次翻阅出发前的检查单，你是否对那些问题都有了自己的答案呢？"征服蓝天，漫步云端"一直是人类不懈追求的梦想，当你回想这次旅程时，你是否钦佩于古人天马行空的飞天梦想，你是否折服于航空先辈的工匠精神，你是否赞叹于中国民航的伟大成就！

　　而你，是否也愿意加入这项浪漫又庄严的事业，担负起时代赋予你们的历史使命，为中国梦的实现贡献一份力量呢？

　　请你保存好这个蓝色的航空梦想，请你志存高远，请你笃学勤奋，请你热爱科学，请你勇于探索，请你准备好在未来的某一天再次乘坐"精卫一号"完成更有挑战的航空科普旅行！

　　我在下一站，等你！

2024 年 1 月 1 日

参考文献

[1] 贾玉红. 航空航天概论 [M]. 5 版. 北京: 北京航空航天大学出版社, 2022.

[2] 曹建华. 飞机构造 [M]. 2 版. 北京: 国防工业出版社, 2012.

[3] Paul E Illman. The Pilot's Handbook of Aeronautical Knowledge[M]. New York: Aviation Supplies & Academics Inc, 2009.

[4] 刘莉, 王勇. 中国民航发展简史 [M]. 北京: 中国民航出版社, 2010.

我的旅行笔记

我的旅行笔记